轻松解读专业技术
趣味破解致富密码
漫画版

火山下的“致富花”

——大同黄花全产业链标准化应用生产技术手册

郭　尚　主　编
王拴福　南晓洁　副主编

中国农业出版社
北　京

图书在版编目（CIP）数据

火山下的“致富花”：大同黄花全产业链标准化生产技术手册 / 郭尚主编 . -- 北京：中国农业出版社，2024. 7.
ISBN 978-7-109-32754-2
Ⅰ . S644.3-62 中国国家版本馆 CIP 数据
中国国家版本馆 CIP 数据核字 2024HG4972 号

HUOSHAN XIADE ZHIFUHUA

中国农业出版社出版
地址：北京市朝阳区麦子店街18号楼
邮编：100125
责任编辑：郭晨茜　插画绘制：山西花树文化科技有限公司
版式设计：刘亚宁　　责任校对：吴丽婷　　责任印制：王　宏
印刷：北京中科印刷有限公司
版次：2024年7月第1版
印次：2024年7月北京第1次印刷
发行：新华书店北京发行所
开本：700mm×1000mm　1/16
印张：10.25
字数：220千字
定价：88.00元

编委会

主　编　郭　尚

副主编　王拴福　南晓洁

顾　问　王凤忠　范　蓓

参　编　（按姓氏笔画排序）

王英特　王海珍　叶建鑫　付永霞

朱　敏　刘秀斌　苏媛毓　李志豪

李艳婷　张雅君　张　程　赵梦颖

洪沙沙　徐莉娜　郭伟伟　郭霄飞

曹　林

把黄花产业保护好、发展好，做成大产业，做成全国知名品牌，让黄花成为乡亲们的“致富花”

序
Preface

黄花菜又名萱草，别名金针菜，是百合科萱草属多年生宿根草本药食兼用植物，原产于我国多个省区。黄花菜在我国已有二千多年的栽培史。《诗经》中有“焉得谖草，言树之背”的记载。黄花菜具有很高的营养价值和药用价值，目前已在我国山西大同、甘肃庆阳、陕西大荔、湖南祁东和浙江缙云等地形成了主产区。

2020 年 5 月，习近平总书记在山西大同考察时，作出“把黄花产业保护好、发展好，做成大产业，做成全国知名品牌，让黄花成为乡亲们的‘致富花’”的重要指示。为小黄花发展成大产业指明了方向，也为地方政府制定现代黄花产业发展政策提供了重要遵循，促进了黄花产业的健康和可持续发展。

一直以来，黄花菜作为小众蔬菜受到的重视不够，特别是开展这一作物研究的人员不多，研究成果也远远不能满足生产的需要。但十分欣喜的是山西农业大学郭尚研究员领衔的团队在黄花菜特质成分形成与关键环境因子互作机制、特征品质保持与提升的栽培调控关键技术、产品精深加工关键技术等方面开展了系统研究，取得了一系列重要成果，广泛应用于黄花菜生产，取得了显著的效益。山西省园艺产业发展中心在黄花菜绿色高效生产技术体系的普及推广、产业链条的延伸、品牌的强化、市场的拓展等方面做了大量卓有成效的工作，同样取得了较好的社会经济效益。鉴于此，山西农业大学相关专家会同山西省园艺产业发展中心相关专家，汇聚了多年来有关黄花菜作物的研究成果，共同编著了《火山下的“致富花”——大同黄花全产业链标准化应用生产技术手册》一书。

全书着眼于 3 大核心环节、50 个专业知识点和 27 个产品介绍，采用引人入胜的漫画场景，通过生动的图像和通俗易懂的文字，比较全面、系统、生动地介绍了大同黄花的古往今来、标准化生产技术及其精深加工产品，展现了黄花菜的特质性成分与现代食品工程技术及设计的有机结合。全书结构严谨，内容丰富且具有新颖性、科学性及时效性，可为黄花菜的生产实践及精深加工提供技术指导。该书的出版将助推黄花产业持续、快速、健康、高质量发展。

由于本人未曾从事过黄花菜作物研究，突然受邀为该书作序，实感难以胜任，但盛情难却，写了上面文字，不当之处请批评指正。

中国工程院院士

2024 年 5 月

前言

Preface

中国花卉千千万，唯有黄花观食兼备，自古便是中华特色膳食文化中的一抹亮色。“观为名花，食为佳肴，用为良药”是对黄花菜最深刻的注解，作为第一国民膳食之花，黄花菜的药用及养生价值在《本草纲目》《养生论》《本草求真》等古籍中皆有记载，消费价值多元。

世界黄花看中国，中国黄花看大同。黄花菜作为大同的一张亮丽名片，其产业不仅承载着丰富的历史文化内涵，更在当今时代展现出勃勃生机与活力。

大同种植黄花距今已有600多年的历史，大同地区拥有昼夜温差大、光照时间长、富硒土壤生、桑干河畔育等独特的自然气候条件，所产黄花花蕾饱满、色泽光鲜、营养丰富，堪称菜中极品。近年来，无论是从栽培技术还是精深加工等方面，黄花产业都得到了长足发展。

在国家重点研发计划（2021YFD1600102）、山西省现代农业产业技术体系建设项目（2023CYJSTX10）的资助下，笔者基于近年来在黄花菜特质性成分形成机理及其与环境互作效应、黄花菜功能价值的精细化研究及产品研发等关键技术上开展的探索研究，以及在黄花菜行业与相关企业、协会的合作与实践，系统阐述了大同黄花产前、产中、产后涵盖全产业链的标准化技术。本书共分三章，第一章主要介绍了大同黄花的发展历史、现状及未来全方位系统化发展前景；第二章从大同黄花标准体系入手，详细介绍了覆盖全产业链的生产技术，为科研和生产提供切实可行的标准化操作规范；第三章着眼大同黄花功能成分，介绍了团队研发的八大系列 27 款精深加工产品。

本书在编写过程中得到了多位黄花产业领域的专家学者、研究人员及实践者的帮助。此外，还要特别感谢李天来院士以专业见解和独到分析为本书作序。还要特别感谢诗人、作家、国际科学艺术院创始人、秘书长、魏碑非遗传承中心谢向英主任，同意授权本书收录刊登其创作的《大同黄花赋》。

由于编者水平有限，加之编写时间紧、缺乏经验等因素，当前我们对大同黄花相关领域的研究还不够完整和深入，本书可能存在着不足之处，我们真诚欢迎读者给予批评指正。

最后，我们衷心希望这本书能够成为您了解大同黄花产业的一扇窗口，推动大同黄花产业持续做优做强，助力乡村振兴。我们期待与您一起见证大同黄花产业的繁荣与发展，共同书写更加美好的未来。

目录

Contents

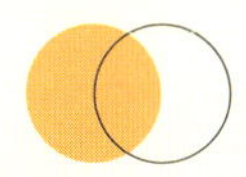

序

前言

第一章　大同黄花的古往今来

第二章　大同黄花标准体系

第三章　大同黄花精深加工产品

附录　山西省黄花产业标准体系

后记　大同黄花赋

第一章
大同黄花的古往今来

一、大同黄花的悠久历史

大同黄花是什么？

大同日照充足，昼夜温差大，加之独特的富锌、富硒土壤，优质的自然环境造就了大同黄花菜色泽金黄、蕾长肉厚、味道清香、脆嫩可口等特征，品质名列全国五大黄花产区榜首。

大同黄花

产自大同市行政区域内，主产区为云州区。株型直立，叶绿色，长带形，长 70 ~ 100 厘米，宽 2 ~ 3 厘米。花莛长 100 ~ 125 厘米，每个花莛着生花蕾 35 ~ 40 个。花蕾小棒槌形，长 12 ~ 15 厘米，粗 0.8 ~ 1.3 厘米，单蕾鲜重 3 ~ 4 克。幼龄期为栽植后前 2 年，壮龄期为栽植后 3 ~ 10 年，衰老期为栽植后 10 年以上。

黄花菜自古以来就在中国文学中扮演着重要角色，历代诗人写有许多赞美它的诗篇。

大同黄花从古至今的足迹

史料记载，大同栽种黄花菜始于北魏，明永乐年间开始大量种植。大同市云州区是大同黄花的主要原料生产基地，从明朝开始，云州区就有“黄花之乡”的美誉。

明清时期，大同就形成“黄花街”自然集市，黄花通贡互市，市场交易兴旺发达。

康熙年间，大同作为重要的北方商贸中心，由于蒙汉商贸发达，贸易往来密切，黄花菜制成的干制品逐步销往漠北地区。由于黄花菜具有较高的食药用价值，常常作为待客珍品及赠友佳品，成为当时出口贸易的重要商品。

新中国成立后，黄花菜开始逐渐恢复种植，村民开始在自家房前屋后种植，自己食用或卖给供销社，大同也因此成为全国黄花菜主产区之一。

改革开放前后，大同黄花产业开始步入新的发展时期。1975 年，大同县被确定为山西省黄花生产基地县，全县黄花菜种植面积 1 万亩，年产黄花菜 1 500 吨；1983 年，大同黄花荣获国家对外经济贸易部颁发出口黄花菜荣誉证书，成为山西省外贸骨干出口商品之一，年出口量约为 60 吨。

2006 年 2 月，“大同黄花”被获准注册地理标志证明商标后，大同县（2018 年更名为“云州区”）围绕“大同黄花”走出了一条政府服务、科技支撑的品牌发展之路。

2020 年 5 月 11 日，习近平总书记在山西省大同市云州区考察有机黄花标准化种植基地时指出，希望把黄花产业保护好、发展好，做成大产业，做成全国知名品牌，让黄花成为乡亲们的“致富花”。

“2023 黄花产业发展大会暨第六届大同黄花丰收活动月”于 7 月 24 日在山西大同正式启幕。会上，素有“黄花之乡”之称的大同再获新名片，被中国蔬菜流通协会授予“中国黄花之都”称号。

新中国成立后，大同黄花经历的重大事件及荣誉如下：

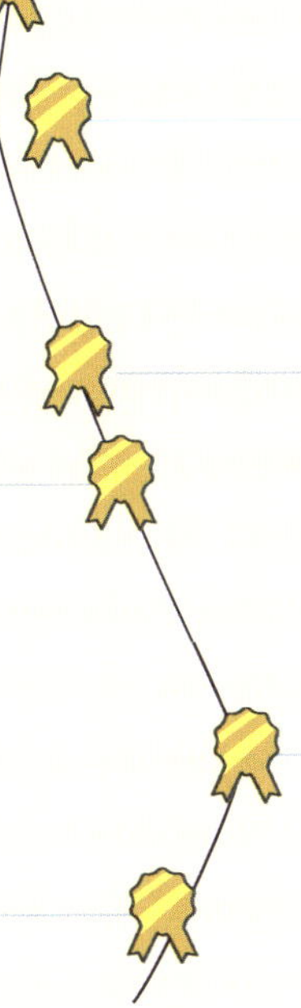

1975 年

大同市大同县被山西省人民政府确定为山西省黄花生产基地县

2003 年

经中国绿色食品发展中心审核，“大同黄花”被认定为绿色食品 A 级产品，许可使用绿色食品标志

2005 年

“大同黄花”商标通过国家工商总局原产地认证

2006 年

“大同黄花”成为大同市首个地理标志保护产品

2008 年

“大同黄花”在香港国际农产品博览会荣获金奖

2009 年

“大同黄花”在中国（山西）特色农产品交易博览会上获金奖，在郑州举办的国际农产品展销会上获金奖，在北京举办的全国特色农产品展销会上获金奖

2011 年

云州区把黄花菜产业确立为本区的主导产业加以扶持

2014 年

“大同黄花”在第十二届中国国际农产品交易会上获得金奖

2017 年

“大同黄花”荣获中国百强农产品区域公用品牌称号，并通过农业部绿色、有机、地理标志农产品认证，云州区成为国家级出口食品农产品质量安全示范区

2019 年

大同市云州区成功入选全国绿色食品原料（黄花菜）标准化生产基地

2020 年

习近平总书记在山西省大同市云州区有机黄花标准化种植基地考察，作出“把黄花产业保护好、发展好，做成大产业，做成全国知名品牌，让黄花成为乡亲们的‘致富花’”的重要指示

2021 年

大同市云州区黄花产业发展案例入选乡村产业高质量发展十大典型、入选乡村振兴示范案例，大同黄花产业基地被评选为人民优选（乡村振兴）十大产业示范基地

2022 年

“大同黄花”入选农业农村部“2022 年农业品牌精品培育名单”和全国农业生产“三品一标”40 个典型案例

2023 年

“大同黄花”入选全国名特优新农产品目录和全国土特产高质量发展案例精选。大同市被授予“中国黄花之都”荣誉称号。

二、大同黄花的发展现状

大同黄花产业发展情况

黄花菜营养丰富，可药食两用。黄花菜抗旱、抗寒、抗贫瘠，对土壤要求不高，易于种植，且能有效地防止水土流失，因而受到了广泛的推广，近些年我国黄花种植面积不断增加，产量也随之提升。

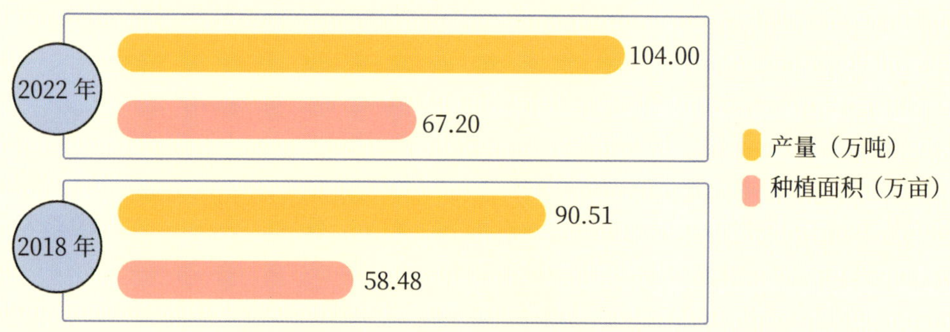

2018 年和 2022 年我国黄花菜种植面积及产量

数据来源：国家食药同源产业科技创新联盟黄花菜产业专业委员会主任年度报告

截至 2022 年底，全国各地黄花菜种植面积已超 104 万亩，从全国黄花菜种植面积来看，山西大同的种植面积占比（25%）最大。

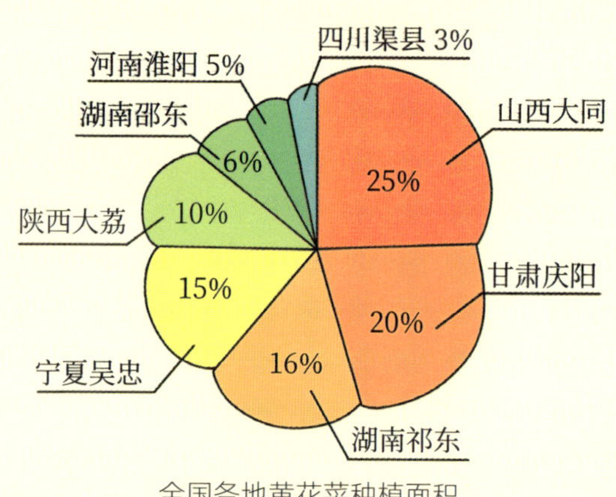

全国各地黄花菜种植面积

数据来源：根据公开资料整理

近年来，山西省大同市围绕“特”“优”战略，将黄花产业作为乡村振兴的主导产业，通过政策扶持和资金引导等举措推广黄花菜新品种、新技术，开发黄花菜深加工系列产品，拓展线上线下销售渠道，促进大同黄花产业向着纵深领域延展，推进大同黄花产业向规模化、数字化、科技化、品牌化等方向发展。

截至 2022 年底，“大同黄花”已是国内知名的黄花菜品牌，全产业链产值超 40 亿元，大同黄花正成为推动大同市产业振兴和高质量发展的新引擎。

大同黄花的核心产区主要分布在云州区。2011 年以来，大同市委、市政府把黄花产业确立为云州区主导产业和巩固脱贫攻坚成果、推进乡村振兴的特色支柱产业，不断为黄花产业提供政策层面的支持，大力推动黄花深加工企业的发展，努力打造龙头企业，助力带动当地黄花产业朝着规模化种植、集约化加工、品牌化销售的现代农业方向发展。

在农村推行“三三三”产业发展模式，即三位一体保精准，三项政策保收益，三项收入保增收，让种植黄花的群众稳步增收，2021 年带动 2.97 万人致富，农民人均收入 1.32 万元。

2016 —2021 年云州区黄花产业发展相关效益对比图

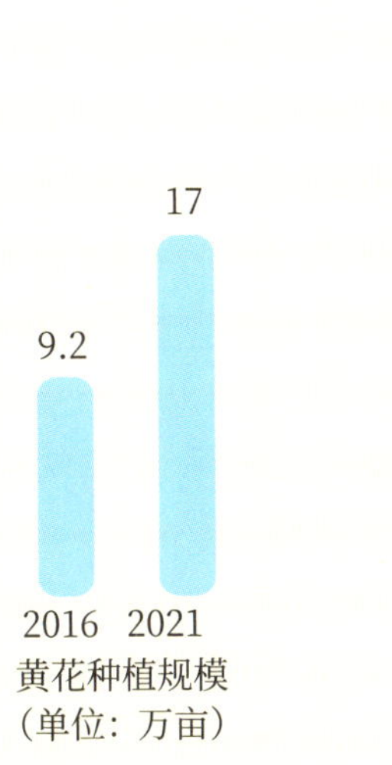

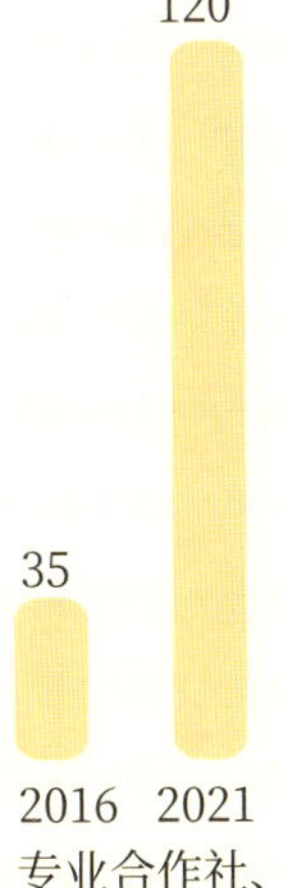

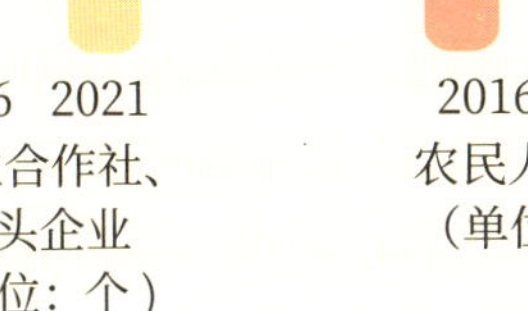

黄花产业支撑体系

黄花产业

基础设施

黄花产业基础设施是提升生产力、增强抵御自然灾害的能力、发展现代农业、提高农民收入、全面改善黄花产业面貌、建设现代化黄花产业的重要基础。

物流

根据公开资料显示，目前大同市正在全力打通“寄递 + 黄花”外销通道，助推黄花产业做大做强。

金融

近年来，中国人民银行云州支行创造性推广“黄花金融”模式，通过“四动”措施加大金融支持特色产业发展力度，督促辖区金融机构为农户授信用信提供切实可行的系列信贷产品。

政策

近年来，大同市委、市政府对黄花产业发展格外重视，发布了多条产业政策以助推黄花产业的健康发展。

大同黄花产业链的不断探索

几年来，大同市不断探索黄花系列产品研发，紧抓黄花全产业链延伸，不断提升黄花深加工能力。现已开发菜品、饮品、食品、功能产品、化妆品五大系列100余种黄花产品，全产业链产值已超过40亿元。

为使“小黄花”真正做成大品牌，紧紧抓住“大同黄花”区域公用品牌的“牛鼻子”，大同市各大黄花企业先后打造了俏闺女、云小萱、云尚萱等叫得响的品牌。用“区域公用品牌＋企业品牌＋产品品牌”三品协同发展，扎实推进大同黄花品牌建设。

同时，大同市积极推进黄花产业相关的旅游产业，持续打造农文旅融合的新亮点，建成火山天路、忘忧农场、旅游小镇等精品旅游点。

大同黄花产业的优势

大同市地处晋北黄土高原，境内有桑干河穿流，火山群环抱，林木覆盖率34.8%，四季鲜明，全年日照时数 3000 小时，日照充足，昼夜温差大，降水量较少，具有天然优良的黄花菜产地地理环境优势。

大同市政府重视基础设施建设，并持续推进绿色食品黄花菜质量标准控制体系建设，建成一定规模的绿色食品 AA 级黄花菜和有机黄花菜的生产基地。

山西省委、省政府高度重视黄花产业发展，在黄花菜种植、采摘、销售等环节，大同各级政府都给予了政策支持，保证黄花产业健康、可持续发展。

在风险管理方面，大同各级政府、公司和农户都非常重视，坚持政府引导、市场运作、自主自愿、协同配合的原则，推广黄花自然灾害和目标价格“双保险”，加强与保险公司合作，提高了种植户抵御市场价格波动及应对自然灾害风险的能力。在品牌发展方面，大同市委、市政府不断加大“大同黄花”品牌的宣传力度，提高黄花产品在全国的知名度和美誉度，将打造黄花品牌作为全市10项重点推进事项之一，持续打造“大同黄花”区域公用品牌。

大同黄花产业发展面临的问题和挑战

1 市场洞察力不足，产品需求匹配度低。

部分企业缺乏对市场行情的细致洞察力和消费群体画像的认知，未能把握当前的消费趋势与市场需求，导致部分黄花菜加工产品缺乏销路。

2 黄花菜价格不稳定，保护机制待健全。

黄花菜的价格事关黄花菜种植与产量，对当地黄花产业的稳定发展具有非常重大的影响。

黄花菜价格波动过大，种植收入面临较大的不确定性与风险，会在一定程度上打压种植户种植黄花菜积极性，减少黄花菜的产量。

3 品牌影响力低，营销渠道尚未多元化。

本地黄花产业目前仍呈现出产品单一化、宣传力度小、不具备知名品牌的特点，导致大同黄花销路有限，销售不畅。在大同黄花出口贸易方面，也需要进一步扩大出口渠道，挖掘出口贸易的发展潜力。

4 科技创新水平低，产研融合机制不健全。

如何加强大同黄花企业科技意识，更好地建立一个良好的大同黄花产研融合机制也成了大同黄花产业可持续发展的一个重要问题。

5 合作社管理水平不高，市场化程度偏低。

在政府部门不断推出政策引导各合作社朝着管理规范化方向发展的基础上，各合作社也应积极探索符合市场化趋势的发展方式，不断提高合作社盈利能力。

6 产业标准体系尚不完善，产品质量参差不齐。

近两年，山西省大同黄花产业标准逐步建立，并朝着规范化的方向发展。但由于标准制定年限短，且缺少有效的黄花质量检测及溯源技术和设备，导致黄花产品质量参差不齐。

7 专业化人员缺乏，人才招引力度不大。

目前，大同市高等教育力量严重不足，本土人才的培养存在较大难度，对外部人才也不具备非常强的吸引力，黄花产业发展所需的专业人才很缺乏。

8 产业数字化程度低，配套服务不完善。

大同需要推进以农业农村大数据资源体系建设为重点的新型基础设施建设，加快以智慧农业为核心的乡村经济数字化发展，着力促进以数字文旅、数字消费等为关键的乡村生活数字化转型，聚焦产、供、销及服务等全产业链环节，补齐数字经济发展短板。

三、大同黄花产业全方位系统化发展

打造大同黄花的品牌认可度

大同黄花品质上乘，得益于优越的产区条件，特别是那里具有“火山土”生长环境。基于产品特性和地域优势，精心提炼和构建品牌的核心价值，旨在与目标受众建立连接，用优质的产品打动消费者。

面向未来，大同黄花要以“高端黄花菜为核心的大健康产业集群”为产业发展战略，集“大农业、大食品、大健康、大生物”四维一体。构建“1+3+N”业务构架（1 是以高品质大同黄花菜为战略基石；3 是以“观为名花，食为佳肴，用为良药”为产业发展方向，“花、食、药”三态并举；N 是开发多种业务，研发多个产品）。

建设多元化销售体系与营销渠道

深入挖掘大同黄花产业和其他特色农产品资源、旅游观光资源，充分借助大同黄花这一地理标志产品和特色产业发展“食、住、游、娱、购”相结合的体验式销售。

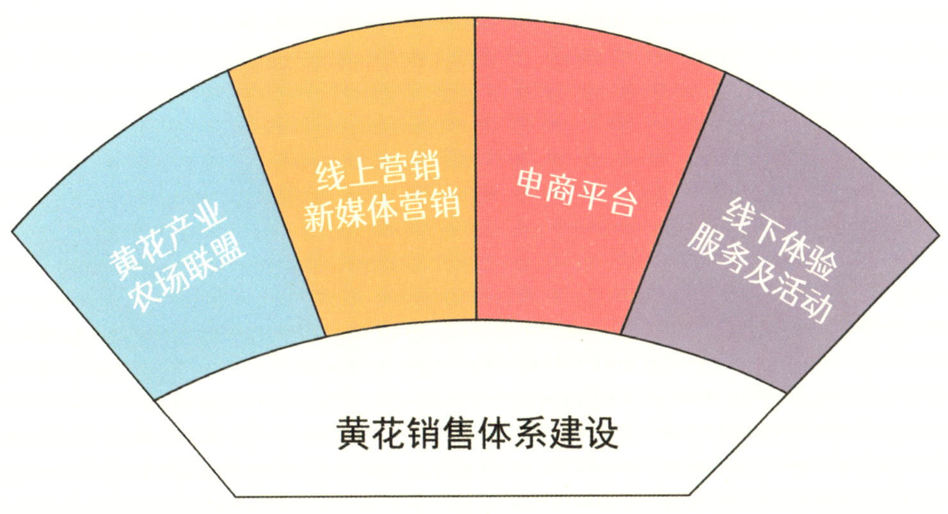

大同黄花以市场需求为核心，持续加强品牌宣传，多渠道开发市场，全面提升黄花产品销售能力。

科技创新减少人工成本，提升产品附加值

随着人工智能技术的不断发展，并结合导航、成像等技术，智能采摘机器人会很快应用于智慧农业的建设中。最终完成远比人工更为高效的采收，实现机器人代替人工劳作，减少人工成本。

科技创新推动农产品向精深加工环节发展，开发研制出了黄花饼、黄花酱等深加工食品，面膜、护手霜等化妆品，提升了产品的附加价值。

数字化技术促进精细化管理

加工领域中，机械化、数字化、智能化的生产设备在大同市云州区得到了进一步推广，生产数据将通过数据采集设备实时汇总及并分析，对生产过程实现了全程有效监控。

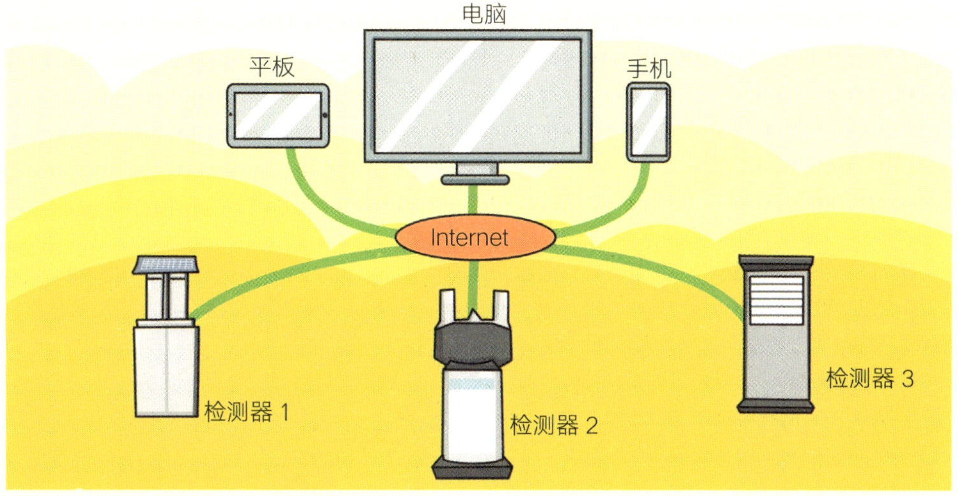

融合多元产业链条

三产融合发展是近年来在乡村振兴背景下我国产业发展的一大趋势，以第一产业农业为基础，向后延伸至第二产业即农产品加工业，最后与第三产业服务业相结合，打造高端特色服务。

目前，新时代的文旅融合产业正在如火如荼地发展，“以文促旅、以旅彰文”让“文化 + 旅游”能够实现“1+1>2”的效果。加强地域文化创意素材挖掘，提高消费群体兴趣，给产品披上文化色彩，让价值文化驱动消费。

构建黄花产业互联网平台

黄花产业以互联网平台为纽带，将形成一个三产融合，横跨多个行业，纵贯各个产业参与方的产业生态体系，从而进一步推动乡村振兴。

深入挖掘黄花的消费需求

为适应不同类型的消费群体需求，来加强对大同黄花功效的研发，并通过广泛的宣传来扩大黄花消费群体的数量。

优化黄花产品结构

调整优化黄花产品结构时，不仅要面向全国，更要面向世界，以适应全球市场需求；不仅要满足黄花产品消费者的现实需要，还要研究未来的市场需求，以便在未来的市场变化中抢占先机。

培养引进产业人才

进一步培养或引进一批高素质拔尖创新专业人才，充实黄花产业人才数据库，构筑黄花产业人才体系，为大同黄花可持续发展提供人才支撑。

共同协作打造产业集群

以大同市云州区现代农业产业示范区为载体，重点推进黄花交易中心等项目的建设，同时推进和招引一批黄花、杂粮加工收储项目，构建涵盖种植、加工、质量检测、包装、交易、电子商务、跨境电商、物流、营销等环节的完整产业链，依托全产业链的丰富资源，协同打造黄花产业集群。

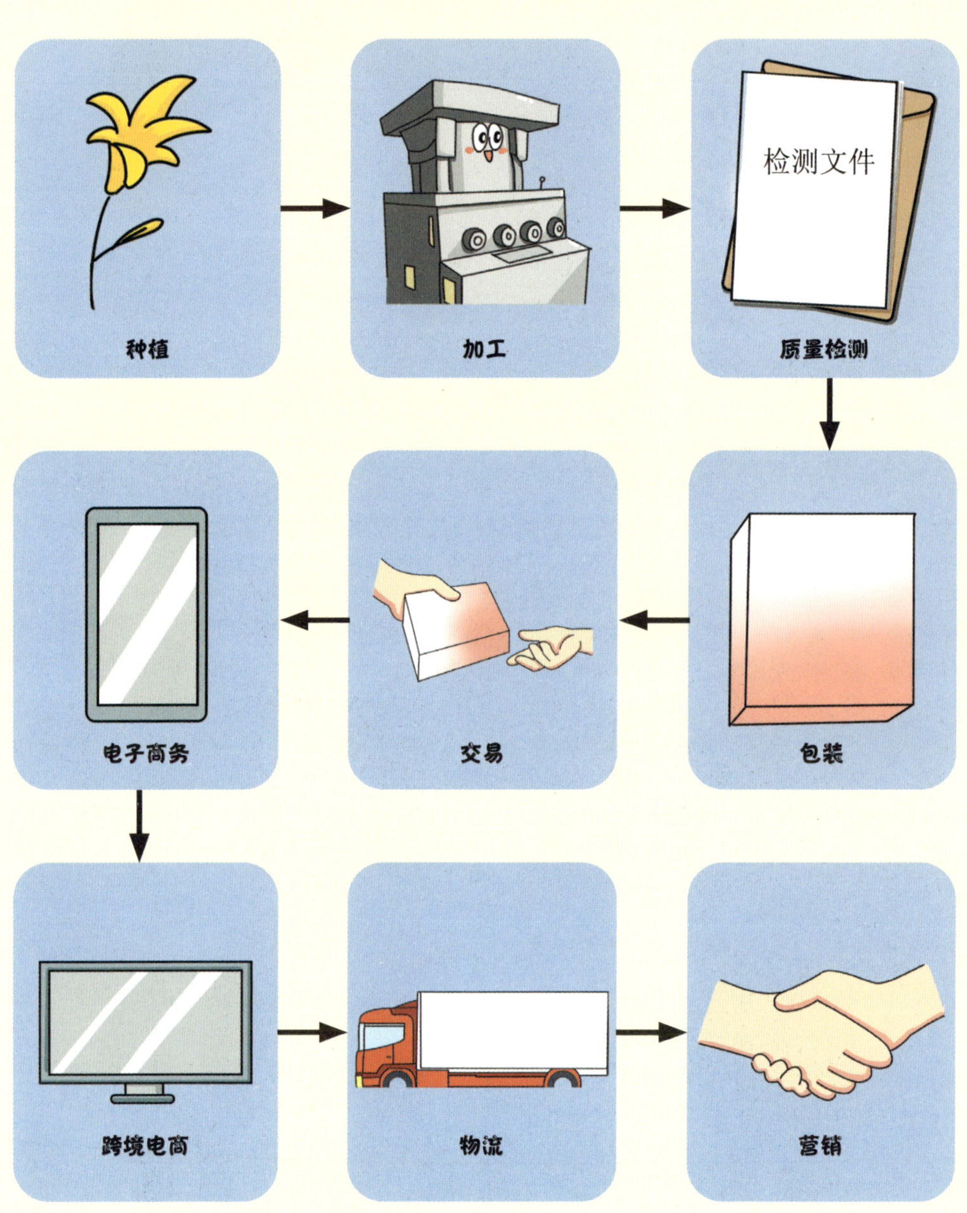

构建大同黄花产业数字化平台

通过产业数字化手段实现各环节的链接与互联互通，从而全面获取并实现可视化展示从农户基础数据到种植、生产管理、农技服务、农产品加工、糖品贸易、物流、销售、溯源的全过程数据。

第二章
大同黄花标准体系

一、大同黄花标准体系建设

大同市农业农村局
大同市市场监督管理局
文件

同农发〔2023〕68号

大同市农业农村局
大同市市场监督管理局
关于印发《大同黄花标准体系（2023年版）》
的通知

各县（区）农业农村局、市场监督管理局：

为全面提升大同黄花品质，以标准化引领我市黄花产业高质量发展，现将《大同黄花标准体系（2023年版）》印发给你们，请有关单位认真组织实施。

大同市农业农村局　　大同市市场监督管理局

2023年7月17日

- 1 -

《大同黄花标准体系（2023年版）》由大同市农业农村局和大同市市场监督管理局共同发布。实现大同黄花有标生产、有标销售、有标监测，从而推动产业升级发展。

二、野生黄花调查技术规范

野生黄花资源调查，即调查与黄花生产有关栽培种的野生种和野生近缘植物。调查时间一般以 6~10 月大同黄花花期和果实成熟期为宜。

调查内容与方法

· 调查野生黄花分布状况、生境状况、特征特性、保护与利用状况。
· 以村为基本单位，进行调查访问，做好调查访问记录。
· 实地踏勘、核实和补充已掌握的情况。

三、黄花种质资源考察收集技术规范

大同市云州区，提供了大同黄花品种选育和生物研究的原始材料。

从大同黄花种质群体中选出能够代表该群体的一组个体，包括种子、幼苗、花蕾等作为样本进行考察与收集。

考察与收集程序

准备工作	考察与样（标）本采集
初步整理	编目（圃保存）

四、大同黄花产地环境条件

大同黄花种植应选择生态环境良好、无污染的地区，远离矿区、交通干线和居民生活区，避开生活垃圾污染源。应保证大同黄花产地具有可持续发展能力，不对环境和周边其他生物产生污染。产地上风向和灌溉水上游不应有排放有毒有害物质的企业，灌溉水源应是清洁水源，不可使用污水进行灌溉，产地土壤不应施用含有毒有害物质的废渣改良土壤。

五、大同黄花场地消毒投入品要求

场地消毒剂包括地面消毒剂，可使用生石灰、氢氧化钠等消毒剂；普通物体表面消毒剂应符合 GB 27952 的要求；空气消毒剂应符合 GB 27948 的要求；场地消毒操作也要规范。

要将消毒剂均匀的撒在地面上哦。
氢氧化钠
生石灰
地面消毒前，先向地面洒水，使其润湿但不粘脚。

普通物体表面消毒

咱们将消毒剂按使用说明配制好，可使用擦拭、浸泡、喷洒等方式进行普通物体的表面消毒。
是的，还可以用加热汽化熏蒸或气体熏蒸的方式进行消毒。

六、大同黄花生产投入品使用要求

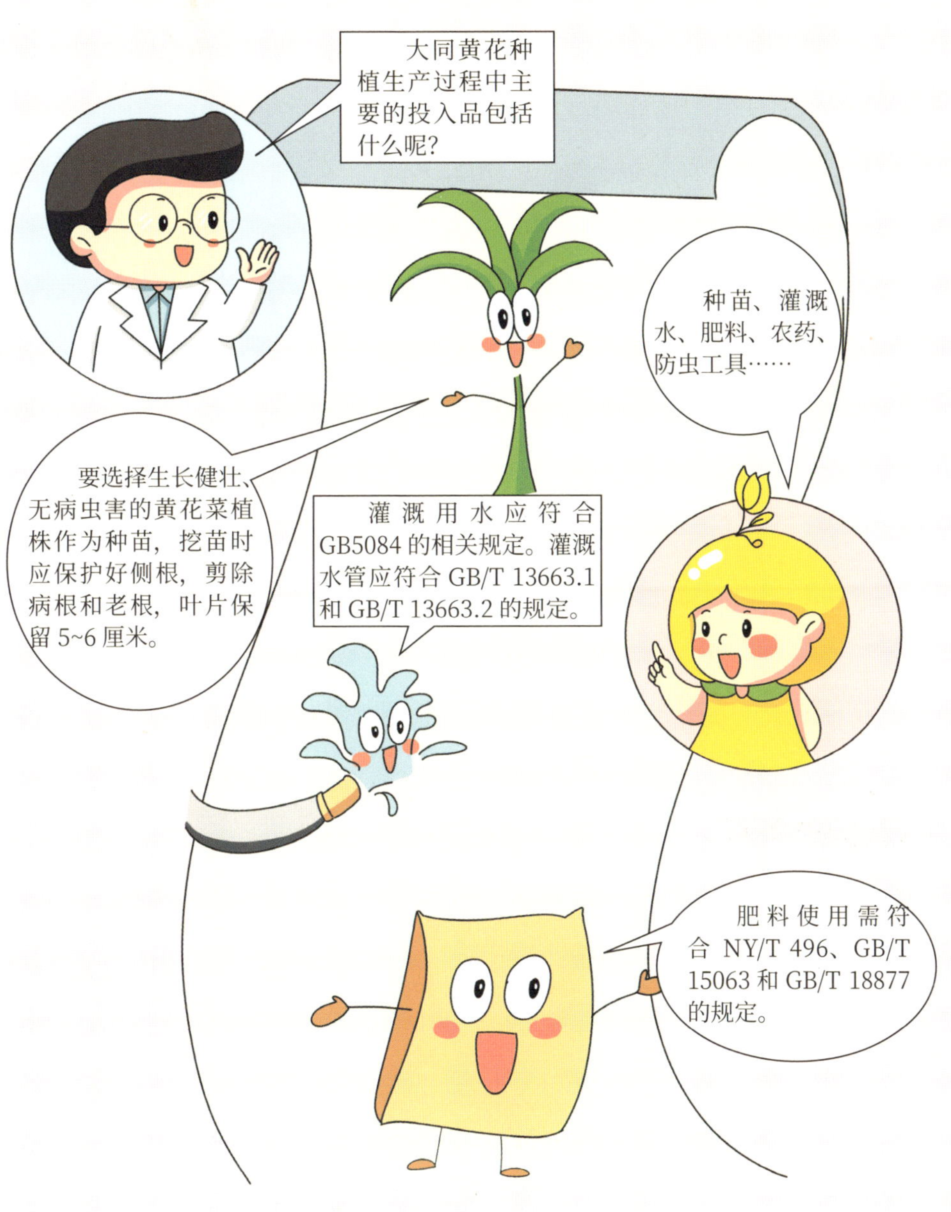

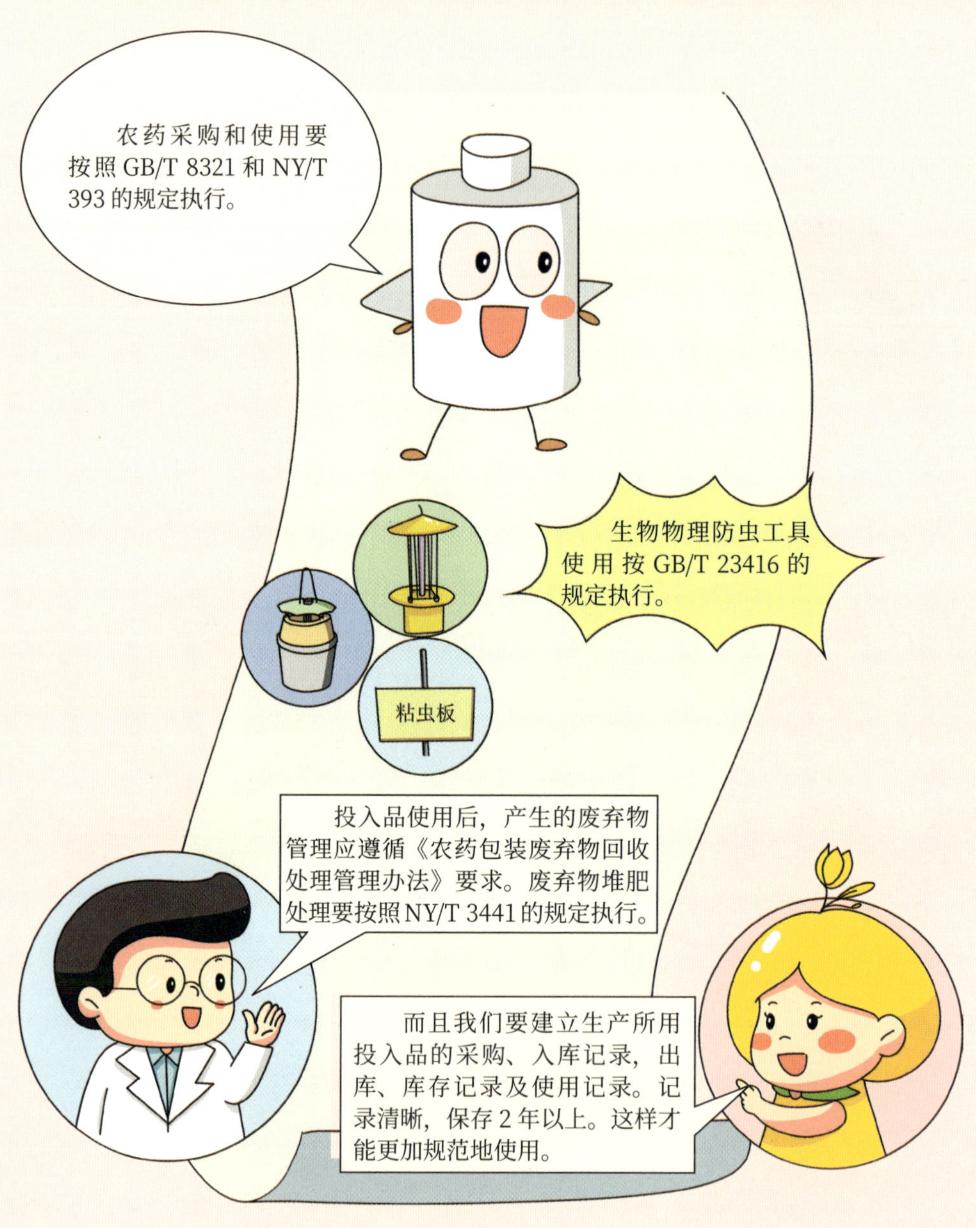
农药采购和使用要按照GB/T 8321和NY/T 393的规定执行。
生物物理防虫工具使用按GB/T 23416的规定执行。
粘虫板
投入品使用后，产生的废弃物管理应遵循《农药包装废弃物回收处理管理办法》要求。废弃物堆肥处理要按照NY/T 3441的规定执行。
而且我们要建立生产所用投入品的采购、入库记录，出库、库存记录及使用记录。记录清晰，保存2年以上。这样才能更加规范地使用。

七、大同黄花生产投入品质量安全技术要求

大同黄花生产投入品指贯穿于黄花菜产前、产中、产后整个生产过程的生产资料，包括种苗、产地环境、生产用水、化工产品、生物制剂、栽培机具、周转容器、包装材料等。

大同黄花对种植地块要求不高，但仍以土层较厚、高肥力沙壤土，方便灌溉排涝的平地或 20°以下缓坡地为宜。

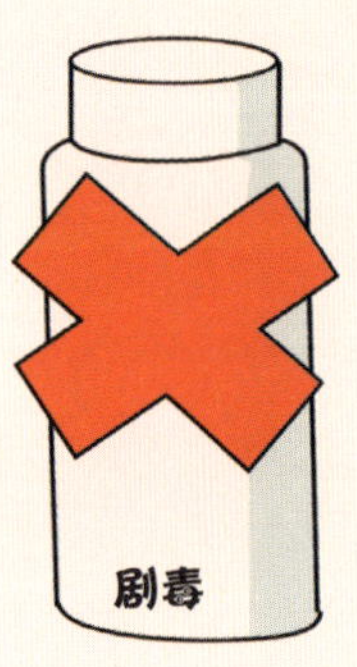

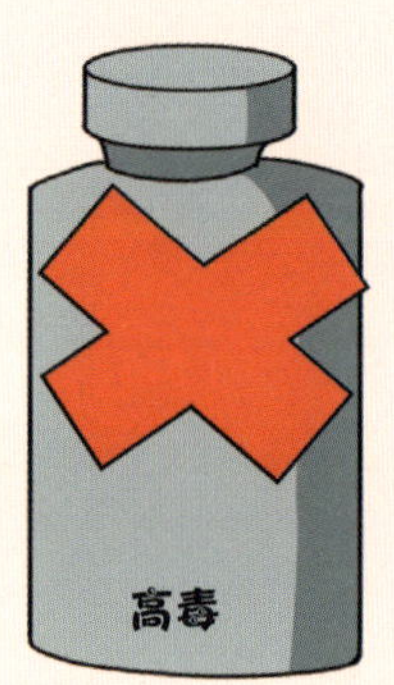

从采收到包装、加工过程中工作人员必须遵守安全要求，所涉及的设备，均应由具有相关资质的人员操作和定期检修。

生产器具

黑光灯
（20～40瓦）
电子杀虫灯
（15～30瓦）
滴管
粘虫板
所使用的机具应保证质量合格、规格合理、无毒无害，应按照产品使用说明使用，并由专业人员定期检修。
施肥机
旋耕机
除草机

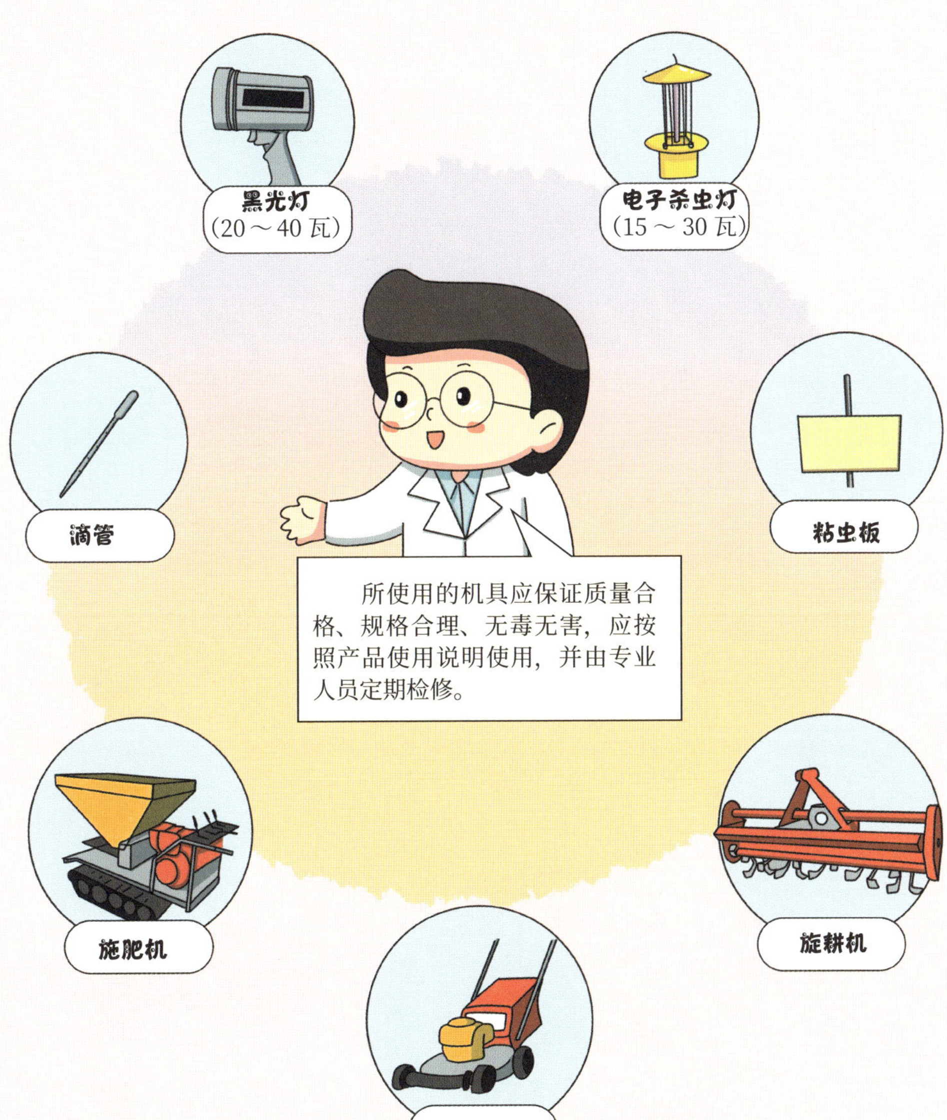

八、大同黄花菌渣型基质生产技术规程

食用菌菌渣预处理，操作现场应清理干净、保持整洁，将栽培过食用菌的菌棒收集起来。

堆制前，在食用菌菌渣上洒水，并翻拌均匀，加水到湿润但无水滴下，使含水量保持在 50%~60%。

我们要等多久？
堆肥维持 55℃以上至少保持 3 天，中间进行一次翻堆，并根据情况决定是否加水。当温度高于 65℃时，应及时翻堆加水。堆肥颜色变为棕色或深褐色，呈松散质地，各部位温度稳定低于 35℃，可认为堆肥发酵完成。

菌渣
化肥

将食用菌菌渣基质与种植挖沟时起出的土壤拌匀后回填，再覆盖一层表土，可与复合肥搭配使用。食用菌菌渣基质亩施用量建议为1000~1500千克。

九、大同黄花复壮技术规程

选育优良品种

组织培养

以生长健壮且新鲜的黄花菜幼嫩叶片、花丝或花薹等特定器官作为外植体进行离体培养，成功建立组织培养快繁体系。

毁园改种更新

将老黄花菜蔸全部挖出，拾净田间的残株和根系，在土壤中撒施草木灰加生石灰粉进行消毒除害处理。

然后选取原品种丰产性好，宿茎头较粗壮的单株进行重新种植。如果原品种的丰产性能差，抗病性也差，可引进新的优良品种或从优良品种地复壮时挖出的蔸丛中选粗壮单株种植。

蔸丛间减株复壮

秋冬季翻培蔸时，根据预定更新的年限挖出蔸丛的 1/3 或 1/4，让黄花菜在生长过程中向挖空的地方分蘖或在挖空的地方栽入 1 株新的植株。

宽窄行栽培地的更新复壮

十、大同黄花繁殖育苗操作规程

方法一：分株繁殖法

方法二：原丛就地分株繁殖法

方法三：短缩茎切块育苗法

方法四：播种育苗法

种子收集

浸种催芽

播前准备

沟深 2.5~3.0 厘米

播种

苗期管理

间苗

移栽

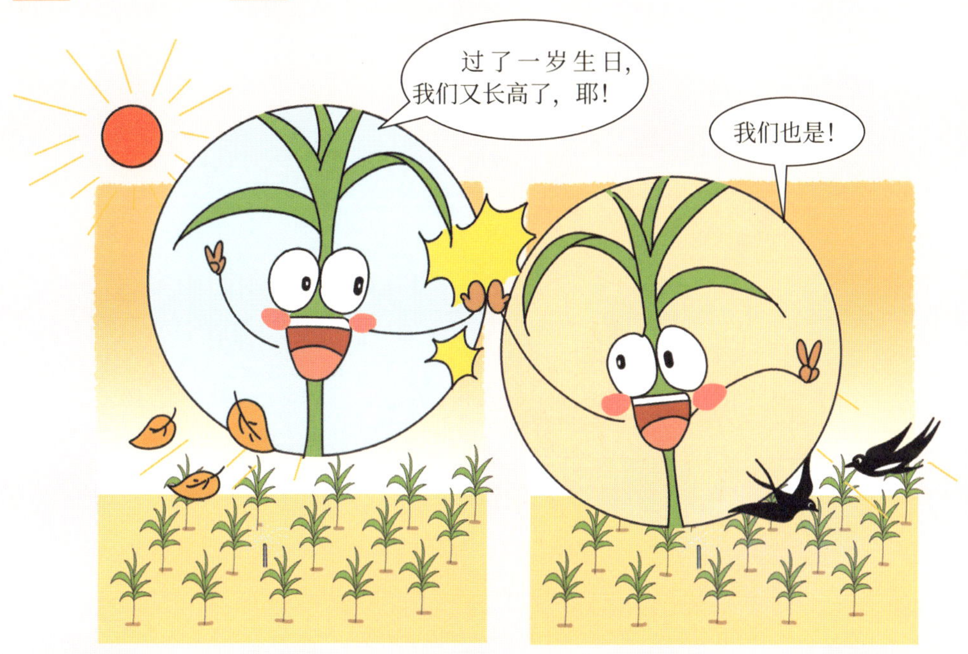

方法五：组织培养法

选用生长健壮且新鲜的幼嫩叶片、花丝或花薹等特定器官诱导产生愈伤组织，然后用适当的培养基在适宜的温、光、水、肥等条件下育成幼小植株。再将小苗假植于营养钵内，生长一段时间后定植。

十一、大同黄花露地高产栽培技术规程

大同黄花露地高产栽培技规程涵盖耕地选择、科学施肥、水分管理、病虫害防治、采收等方面。

科学追肥

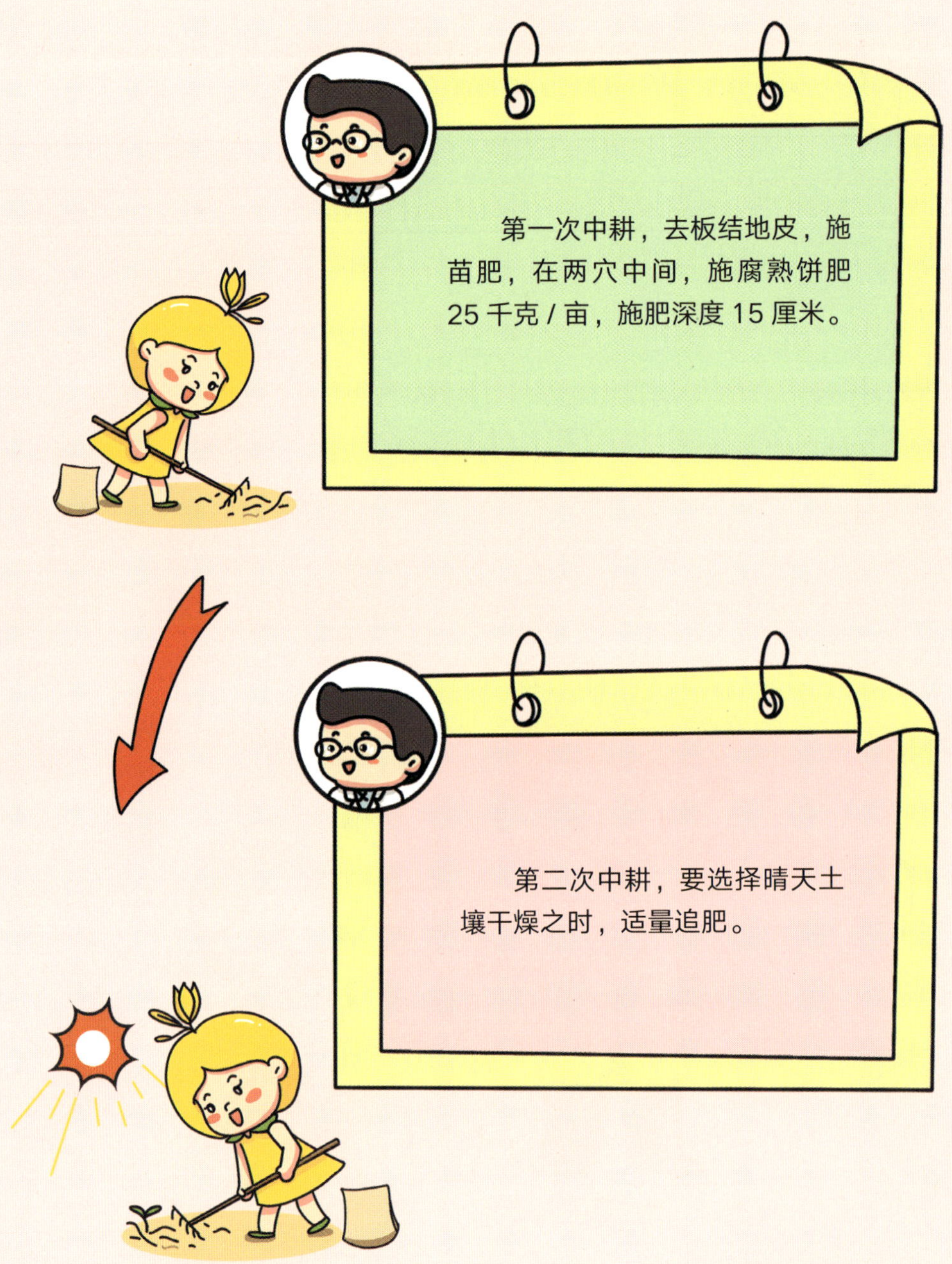

第一次中耕，去板结地皮，施苗肥，在两穴中间，施腐熟饼肥25千克/亩，施肥深度15厘米。
第二次中耕，要选择晴天土壤干燥之时，适量追肥。

施冬肥，即在冬苗萌发时每亩施优质腐熟有机肥 2500 千克。

病虫害防治

预防为主，防治为辅。

粘虫板

十二、大同黄花水肥一体化管理规程

根据大同黄花土壤养分状况和植株生长发育养分需求规律，将肥料和灌溉水进行合理搭配。

借助这个管道设施就可以将水肥同时作用于大同黄花叶面或根部。

十三、大同黄花采收技术规程

大同黄花采收标准：成熟花蕾，形态饱满，呈黄绿色，花嘴欲裂未裂，三条接缝十分明显，花瓣上纵沟明显，以花蕾生长既丰满又未开花时的质量最佳。

十四、大同黄花生产废弃物处理规程

大同黄花生产过程中会产生病虫害叶片，废弃农药及化肥的包装袋、瓶，未染病的叶片、杂草，人、禽畜粪便等废弃物。

生产废弃物的处理

黄花菜的病虫害叶片统一收集集中处理

人、禽畜粪便经发酵投入沼气池

废弃农药及化肥包装袋、瓶回收后无害化处理

未染病叶片、杂草收割后喂食牲畜

十五、大同黄花贮运保鲜技术规程

大同黄花采收后，不论是生鲜、冰鲜，还是干制和真空冷冻干燥黄花菜的贮运一定要注意保鲜。

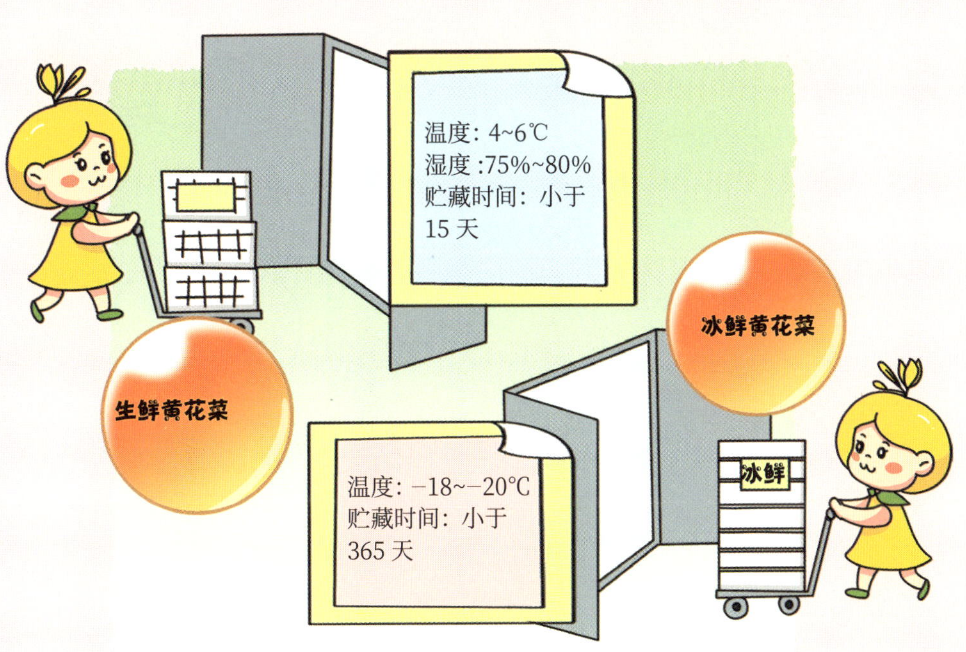

贮藏时间
通风
阴凉
干燥
仓库
干制黄花菜
真空冷冻
干燥黄花菜

运输黄花菜的工具应清洁，无有毒、有害、有异味物品。生鲜黄花菜宜采用冷链运输（4~6℃），冰鲜黄花菜宜采用冷冻运输（−20 ~ −18℃），如无冷链条件应在包装内放入提前准备的冰袋，并使用泡沫保温箱包装。

十六、真空冻干大同黄花加工技术规程

浸泡清洗

吹干辅料

装盘冻结

真空冷冻干燥

十七、冰鲜大同黄花加工技术规程

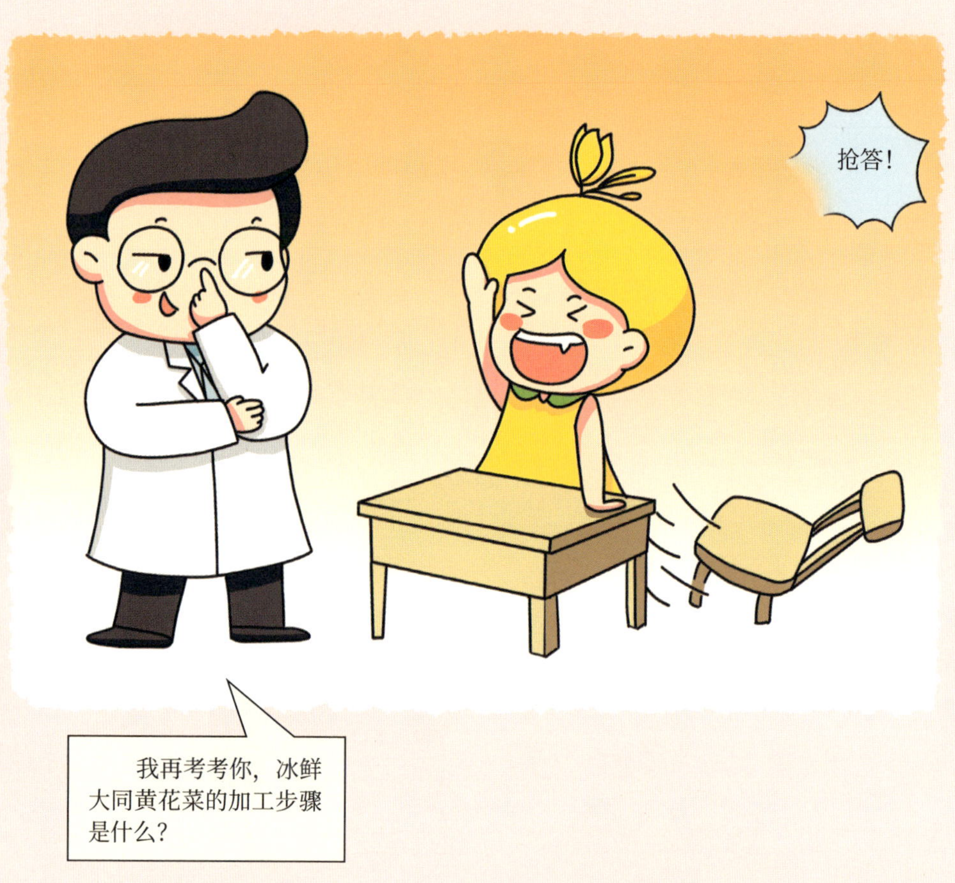

冰鲜黄花菜是以新鲜、清洁的黄花菜为原料，通过清洗、漂烫、冷却、沥水和速冻等工艺生产的产品，需在冷链条件下进入销售市场。

冰鲜黄花菜加工过程

筛选清洗
1~2 分钟
漂烫
冷却
冷却水温：20~30℃
冷却时间：8~12 分钟
5~10 分钟
沥水
孺子可教！
速冻
速冻温度：−40~ −30℃
速冻时间：25~40 分钟

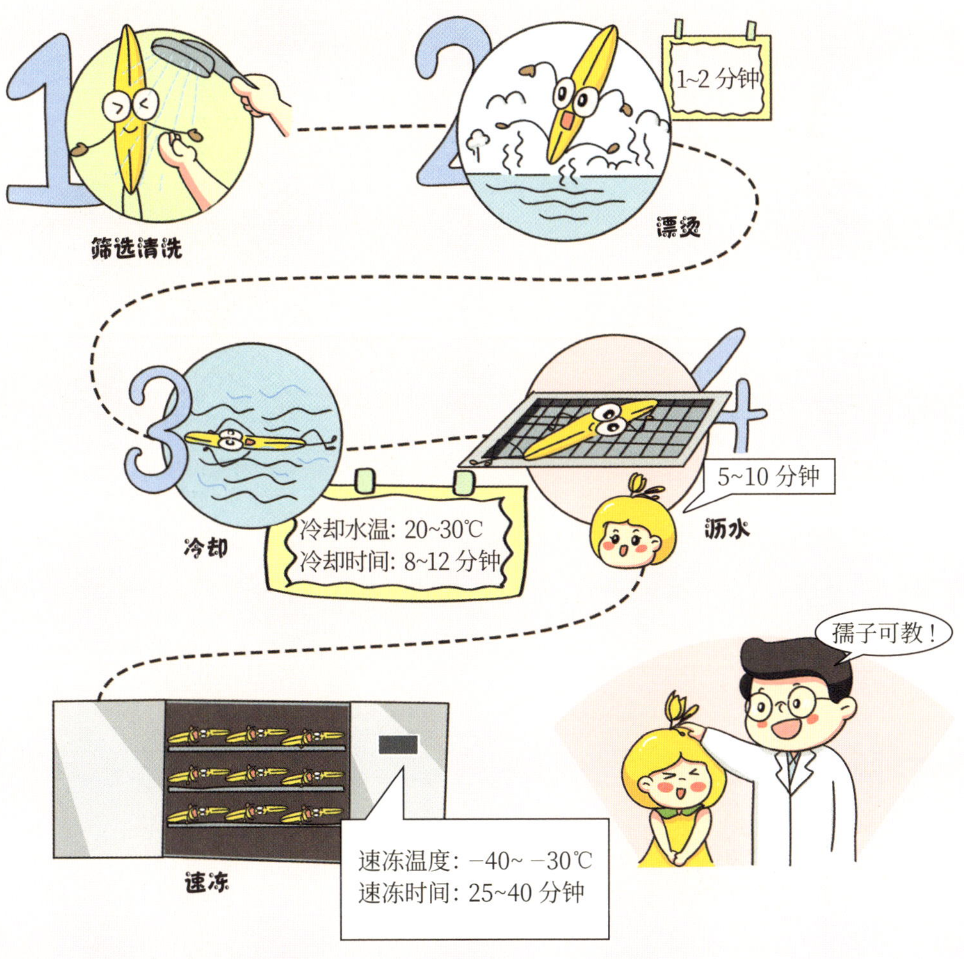

十八、干制大同黄花技术规程

干制黄花菜是指脱水黄花菜制品。生产工艺流程为：黄花菜采收→挑拣→杀青（蒸制）→冷却→脱水→晒干→检验→计量包装。

杀青（蒸制）

晒干

将沥干水分的黄花菜均匀摊在太阳下，底部垫竹席，每隔 1.5 小时翻动一遍，让其水分充分蒸发。

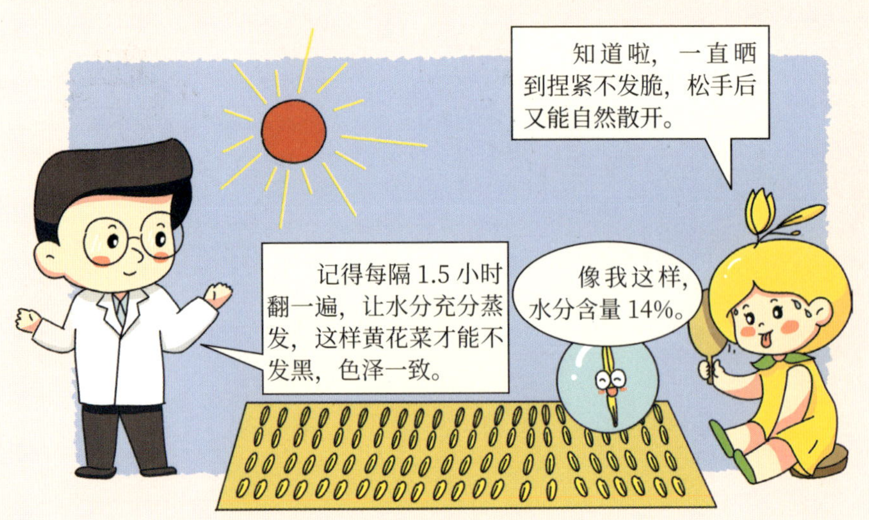

十九、大同黄花产品分级规程

鲜采大同黄花质量分级

	等级	色泽	油性	条形	咧嘴	健康
	一级	淡黄	大	长 / 粗壮均匀	极少	无虫蛀和病菌
	二级	黄	中	中 / 粗壮均匀	少量	无虫蛀和病菌
	三级	黄	少	短 / 细	很多	少量虫蛀和病菌

二十、大同黄花质量安全追溯信息采集规范

大同黄花质量安全追溯术语

追溯信息采集要求

大同黄花追溯体系的建立以 NY/T 1654 为依据，以大同黄花的质量安全为目的。追溯信息的保存期限应当比最终产品的保质期长 2 年。

第三章
大同黄花精深加工产品

一、干制品及冰鲜类

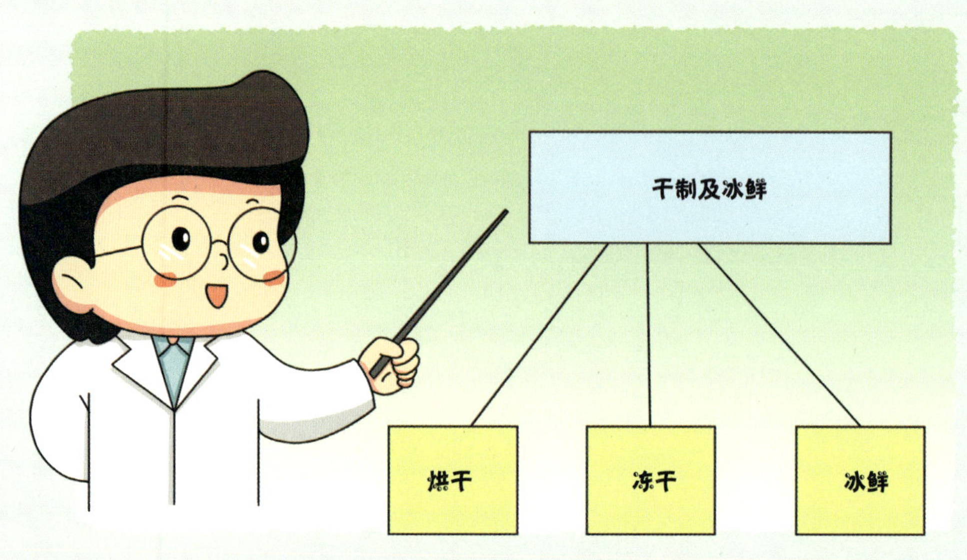

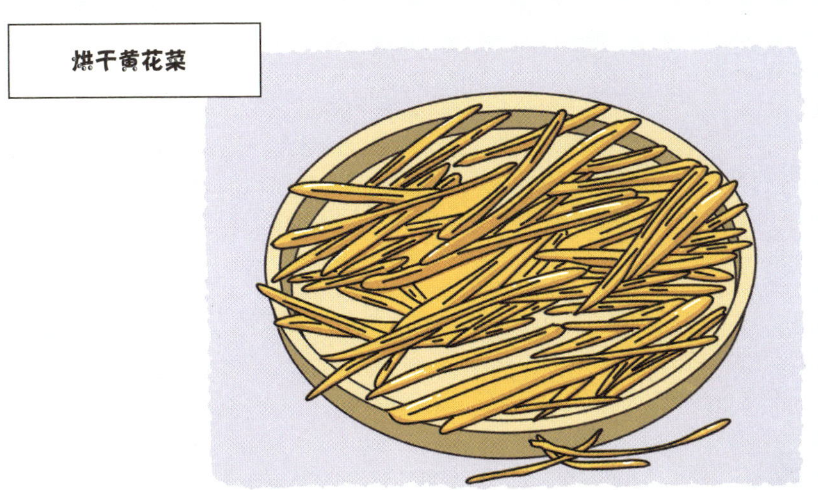
烘干黄花菜

冻干黄花菜
真空冻干黄花菜

冰鲜黄花菜

二、调味制品类

黄花酱

加入 20%食盐
水温为 8.2℃
底水体积为盛装
底水容器的 2%

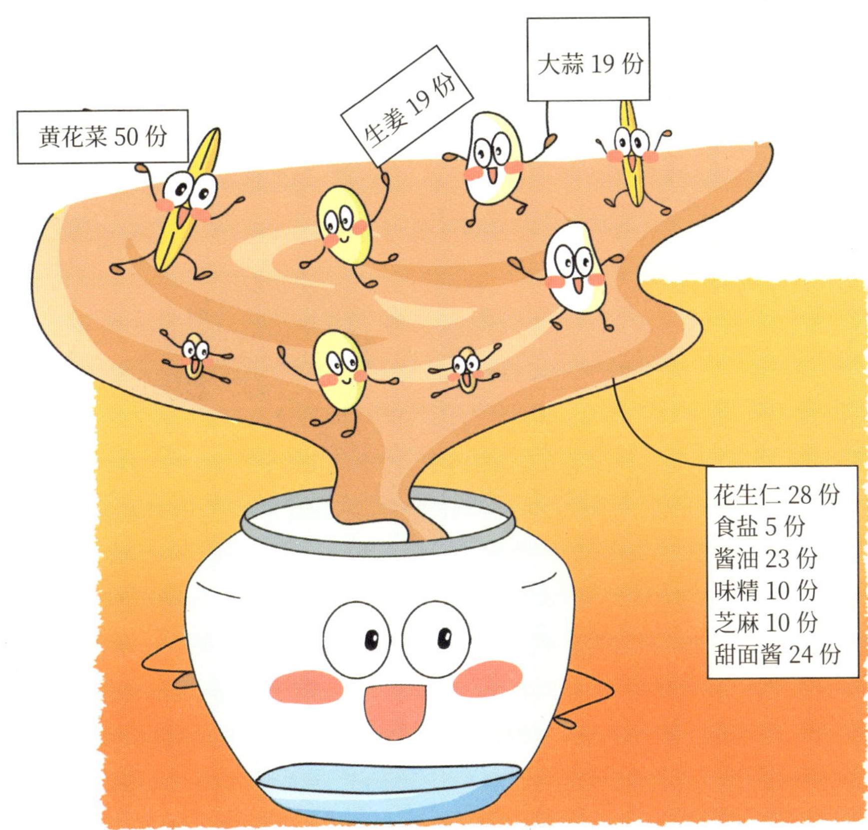
黄花菜 50 份
生姜 19 份
大蒜 19 份
花生仁 28 份
食盐 5 份
酱油 23 份
味精 10 份
芝麻 10 份
甜面酱 24 份

按重量配比将16份食盐按下轻上重的方法逐层撒入，再给菜加压，出水2~3小时后减去2/3的压力。

盐渍3天后，将其拿出晾晒，并沥去盐水，然后再加入8份食盐，盐渍32天即可。
要多长时间呢？

黄花酱

吃什么呢？这么香！
黄花酱很下饭，我已经吃第二碗啦。
黄花酱

三、巧克力制品及糖果类

后生元黄花压片糖果

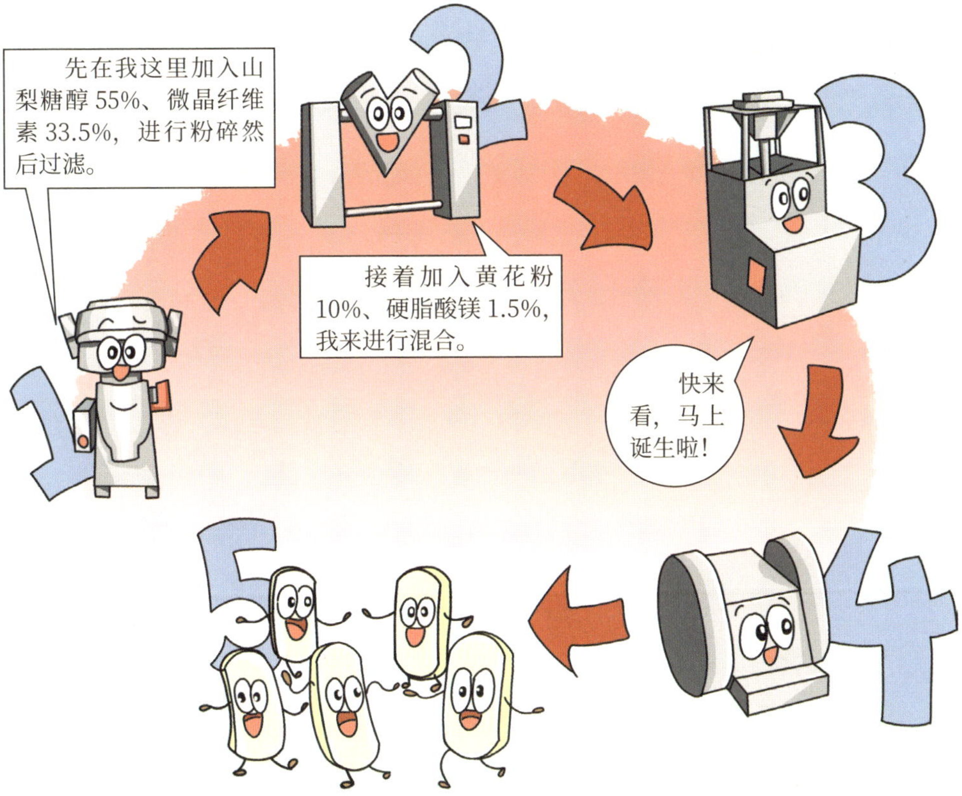

先在我这里加入山梨糖醇55%、微晶纤维素33.5%，进行粉碎然后过滤。

接着加入黄花粉10%、硬脂酸镁1.5%，我来进行混合。

快来看，马上诞生啦！

后生元价值大，重塑肠道菌群，调节机体免疫，增强全身代谢。

黄花益生元葛根枳椇子陈醋压片糖果

配好料
后先到我这
里混料！
我是高速
螺旋压片机，
我来制粒。
我来负
责烘干！

酒前酒后来
一粒，干杯！

黄花巧克力

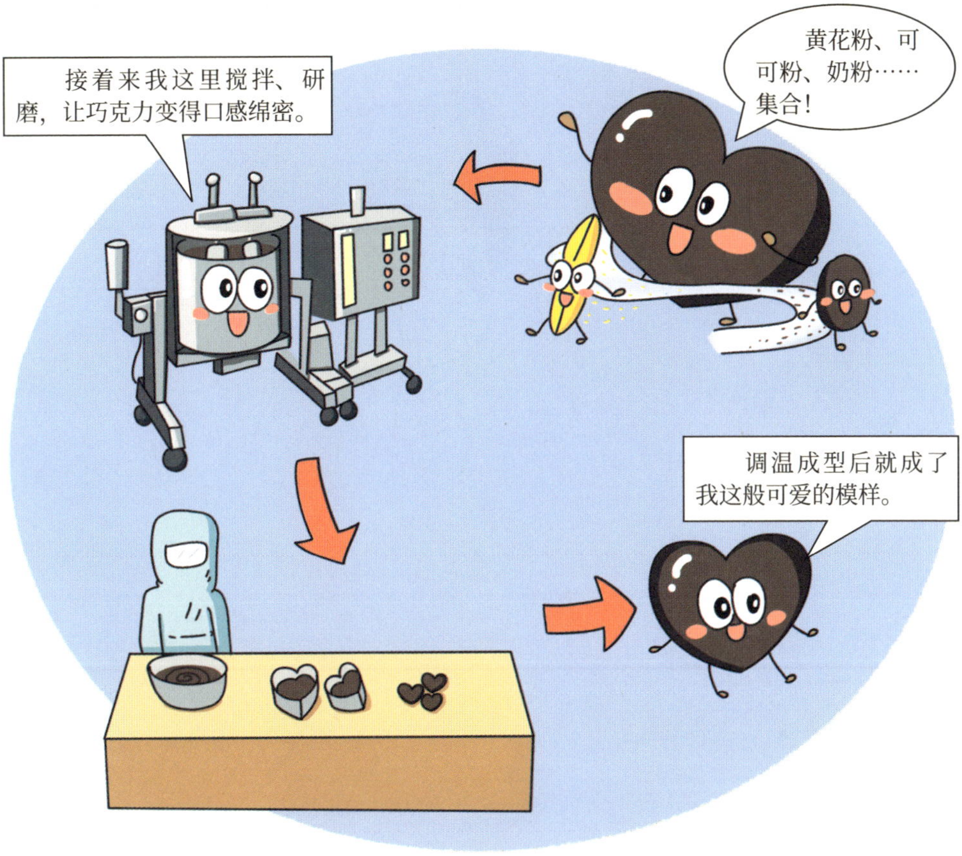

接着来我这里搅拌、研磨，让巧克力变得口感绵密。

黄花粉、可可粉、奶粉……集合！

调温成型后就成了我这般可爱的模样。

黄花蜂蜜软糖

又在吃糖！
我可不是一般的糖！是由天然黄花冻干粉、蜂蜜、蜂王浆搭配而成。
将搅拌均匀的混合液趁热倒入模具，常温下静置冷却，凝胶成型。

四、焙烤食品类

大同黄花馒头

大厨，请开始你的表演，我来给你打下手吧！
好哇，欢迎你的加入！
够了够了，只要5%的白面。

米酒
一斤面配六两米酒哦。

3:00
现在是夏天，发酵3小时即可，如果冬天就需要7~8小时呢！

时间到！
0:00
耶，成功！
可以捏馒头啦！

好圆！这是最完美的一个，一定是我捏的哈哈。
厉害！
我才最圆！

大同黄花状元糕

咦？这是？
状元糕，我去看望我叔叔，送给他尝尝。
状元糕
孝顺的好孩子！
我不知道状元糕怎么做，等你回来告诉我好吗？嘻嘻！
状元糕

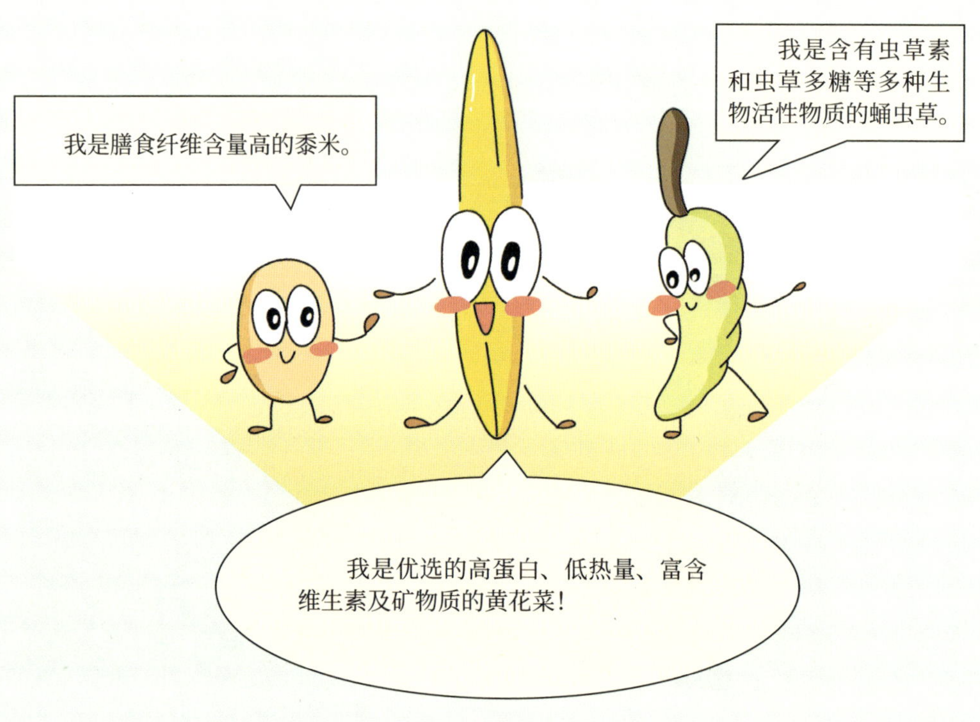
我是膳食纤维含量高的黍米。
我是含有虫草素和虫草多糖等多种生物活性物质的蛹虫草。
我是优选的高蛋白、低热量、富含维生素及矿物质的黄花菜！

将传统工艺与现代生物酶解技术相结合，通过科学合理膳食搭配增强单一品种的功效，使状元糕兼具黄花菜、蛹虫草和黍米的生理活性及营养功效。
调节免疫
抗氧化
促进睡眠
促进胃肠蠕动
维持心血管健康

大同黄花茶点

按照约1：3比例加清水浸泡白芸豆，等白芸豆泡软去皮后煮熟。

然后放入料理机来搅碎、过筛。

将过筛的豆沙中加入奶粉、糖等配料小火翻炒，炒出水分。炒制结束后加入适量食用油搅拌、反复揉压成团，月饼馅料就做好啦！

按1：1的重量比把馅料包入月饼皮内，然后放入模具中压制成型。
耶，又搞定一个！

黄花中西式糕点

烤熟就大
功告成啦！

都很美味！

黄花复合谷物冲调粉

黄花杂粮黄金面

今天中午吃面哇?
是啊，黄花杂粮黄金面。
一次熟成后，复合制皮，再进行二次熟成，连续压制。
我知道，接下来肯定是切丝切断!
对，不过还有很重要的一步。需要进我的隧道，进行干燥、脱水、灭菌，变成半干面再包装。

黄花燕麦面条

咦？你在吃什么面？都没有下锅煮？
哈哈，这是黄花燕麦面条，只要在70℃的水中泡七八分钟后，加入料包即可食用，特别方便。
我经过筛选后用200℃炒制了20分钟，现在香喷喷的。
一会粉碎后混合在一起，香味也融合啦。

将混合好的物料通过提升机放入自动喂料机，送到主机进行一级熟化，然后进入单螺杆挤压机进行二级成型。

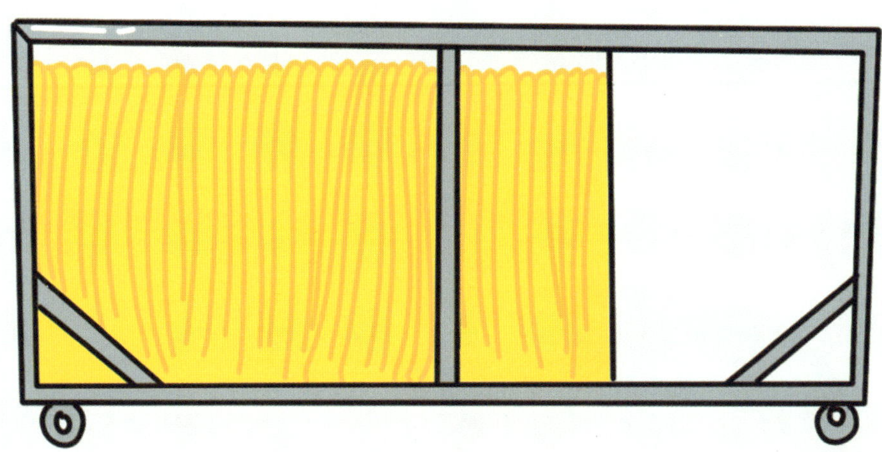

好直喔！等常温老化后切断打包。吃起来Q弹无比！

金花黄糕

蒸熟后迅速进行低温冷冻，对吗？

是的，早上加热一下就可以吃。别看小小黄糕，富含黄酮，还有植物多酚、维生素等多种抗氧化活性成分呢！

蜂花桃酥

捏制成型
打发搅拌
100℃
定时烘烤
冷却包装

五、特殊营养食品类

大同黄花代餐粉

可以控能瘦身的就是我，黄花配小麦膳食纤维粉，吃了有助于减重。
我是运动型，可以增强耐力！
我也是，补充运动营养。
轻伊黄花代餐粉
杞草黄花代餐粉
牡精黄花代餐粉
超微细粉碎，混合！灭菌包装。

虫草黄花益生元

经破碎匀浆、复合酶解、可溶性成分调配。

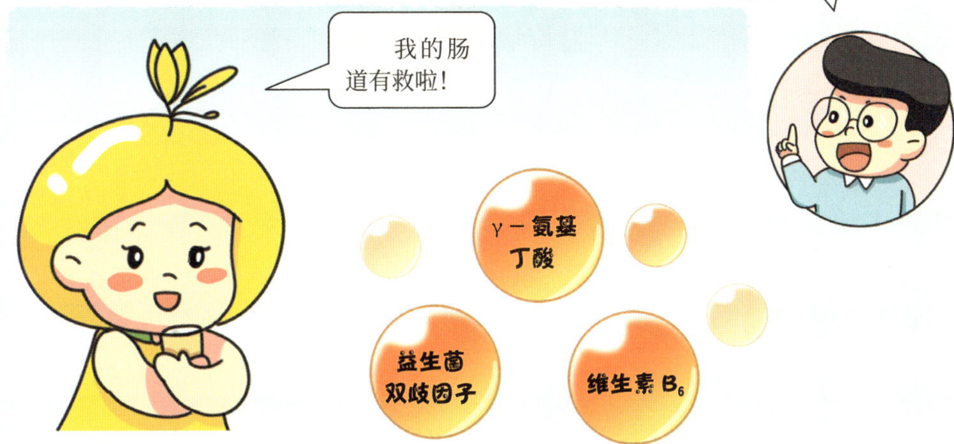

黄花阿胶

先让我在酒坛里泡一泡，再慢熬融化。
要的就是这种Q弹的效果！
控温控湿，自然凝结。变身！
真是醇绵香甜！据说它有润燥补肺、健脑抗衰、养血润肤的功效多给我几块吧！

六、饮料类

燕窝黄花元浆

啊嚏！
最近流感盛行，快喝一瓶燕窝黄花元浆，具有抗病毒、抗流感、提升免疫力等功效。

欢迎优选原料上场！
连翘叶
香橼
虫草
金银花
燕窝
黄菜花

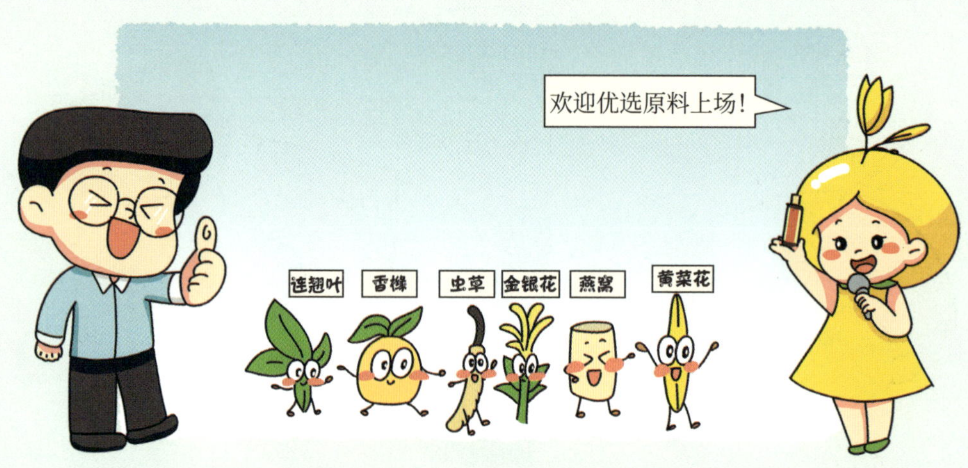

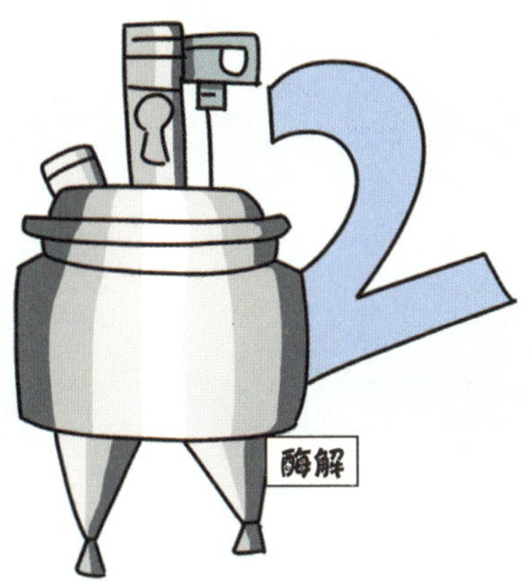

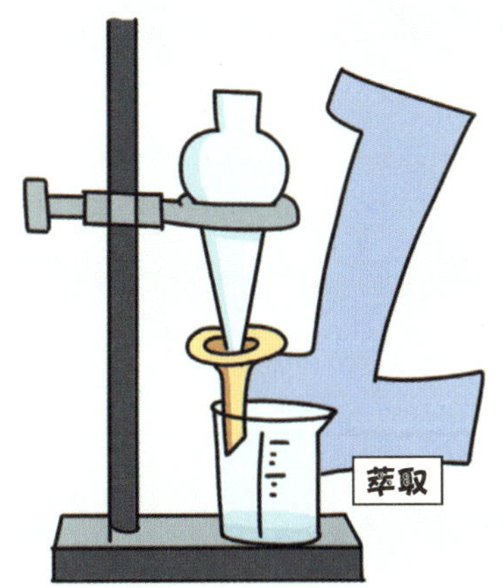

然后再经过萃取、酶解技术，浸提后灭酶、固液分离，便获得了这款功能性饮品。

无忧露

那我可不知道，不过它是一种健康功能性低糖果蔬类饮料，喝起来清怡爽口，心情自然也舒畅。

将这些原料经过酶解、提取、复配等一系列工艺，生成这款具有天然的黄花、虫草特有香味的饮品，富含有 8 种人体必需氨基酸。

黄花后生元沙棘醋口服液

完成后，来我这边装罐哦。
我来混料、搅拌、加热！
原料都来这边排队，我来提取、浓缩。

别都拿走，给我留一些……
这份心意我领了，谢谢！

七、酒　　类

黄花啤酒

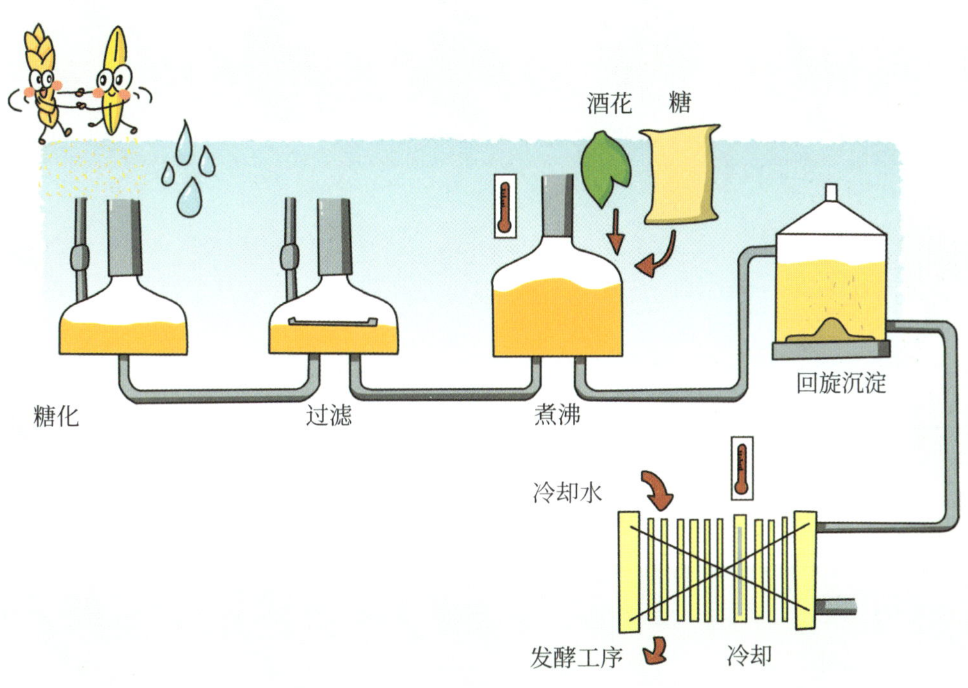
酒花
糖
糖化
过滤
煮沸
回旋沉淀
冷却水
发酵工序
冷却

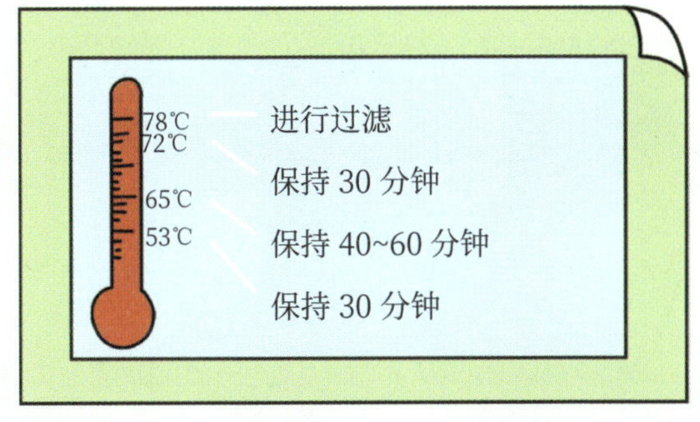
78℃
72℃
65℃
53℃
进行过滤
保持 30 分钟
保持 40~60 分钟
保持 30 分钟

黄花酒

我来拌曲，好好玩，哈哈！
原料蒸制 1 小时

发酵温度为 28~32 ℃，初发酵 48 小时，测指标后最优发酵时间 1 个月……
都困觉了，知识点还记得很牢呢！
酒

过滤澄清后
就大功告成啦!

对酒当歌，人生几
何！何以解忧？唯有杜康。
酒的制作方
法比较相近，那
怎么区分呢？

黄花米酒
黄花酿
黄花米酒有米香，幽雅纯净，入口柔绵。
黄花酿为黄酒，香气浓郁、甘甜味美，还有补气安神、抗病毒、降血脂等多种功效。
黄花白酒丰满醇厚，如饮甘露，回味悠长。

八、其他类

黄花甲鱼

高蛋白
低脂肪
气血双补
滋阴养阴

采用新鲜的甲鱼和黄花菜，搭配秘制酱料精心烹饪，无任何添加剂，肉质细嫩、色泽鲜亮、麻辣入味，极品！

黄花益元水润养颜化妆品

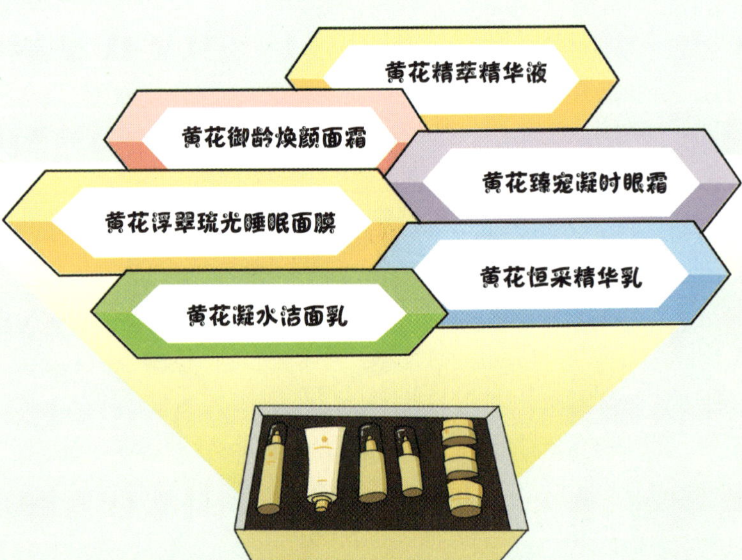
黄花精萃精华液
黄花御龄焕颜面霜
黄花臻宠凝时眼霜
黄花浮翠琉光睡眠面膜
黄花恒采精华乳
黄花凝水洁面乳

黄花菜发酵液对紫外线诱导损伤细胞具有修复作用，发酵液对酪氨酸酶具有较高的抑制率，所以会有美白效果。

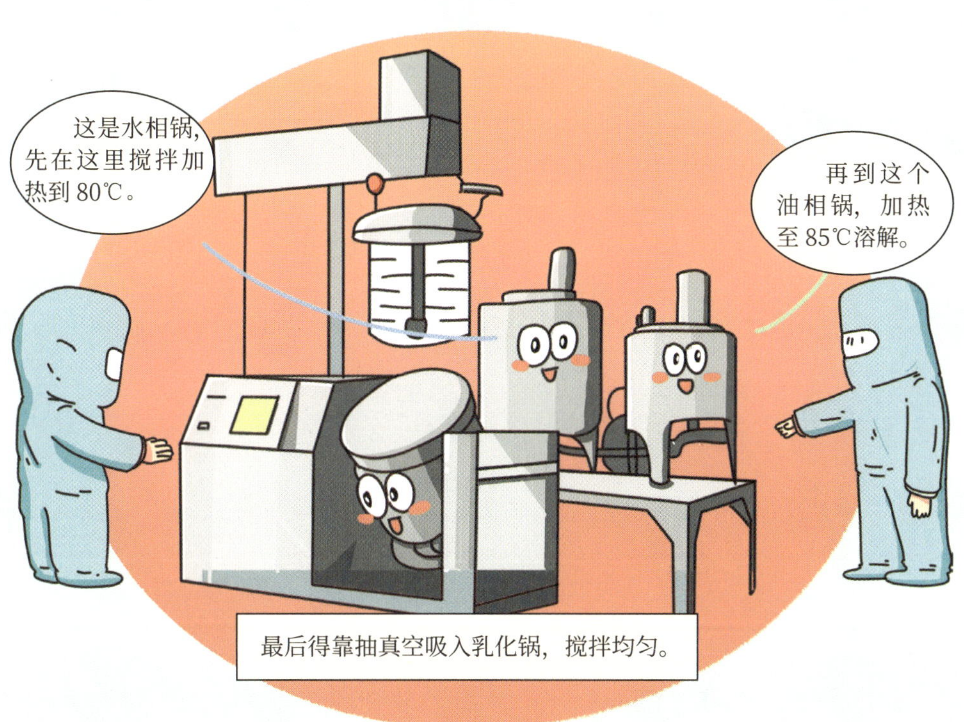
这是水相锅，先在这里搅拌加热到80℃。
再到这个油相锅，加热至85℃溶解。
最后得靠抽真空吸入乳化锅，搅拌均匀。

冷却到45℃加化妆品专用香精，多次检验后灌装，美白护肤的同时清香迷人……
我也要变美美的。

附录
山西省黄花产业标准体系

山西省农业农村厅
山西省市场监督管理局 文件

晋农发〔2024〕145号

山西省农业农村厅　山西省市场监督管理局
关于印发山西省黄花产业标准体系的通知

各市农业农村局、市场监督管理局:

为充分发挥标准化在推动乡村全面振兴中的基础性和引领性作用，健全农业农村高质量发展标准体系，推动我省农业农村现代化持续发展，山西省农业农村厅、山西省市场监督管理局共同组织制定了《山西省黄花产业标准体系》，现予以发布，请有关单位在指导产业发展中参照执行。

山西省农业农村厅　　山西省市场监督管理局

2024年10月28日

（此件公开发布）

- 1 -

黄花产业是以黄花菜为核心，涵盖产前、产中、产后的产业链条，是集经济效益、社会效益和生态效益于一体的现代农业产业，是山西省重要的优势特色产业。黄花产业标准化是对黄花产业全流程各环节制定的规范和准则。构建科学合理的黄花产业标准体系，是促进区域经济发展、增加农民收入、推动乡村三产融合的有效途径，有助于引领黄花产业持续、快速、健康、高质量发展，为做大做强做优黄花产业提供技术支撑。

一、总体要求

（一）指导思想

以习近平新时代中国特色社会主义思想为指导，以党的二十大精神为引领，深入贯彻落实习近平总书记视察山西重要讲话重要指示精神，认真落实中央和省委省政府一号文件要求，以做优做强黄花产业为抓手，科学采用标准化工作方法，夯实黄花产业基础，延伸黄花产业链条，提升黄花产业效益，围绕产前、产中、产后的生产流程，构建科学合理适用的黄花产业标准体系，加强农业农村标准化工作，推进农业农村现代化高质量发展。

（二）基本原则

坚持需求导向，强化顶层设计。聚焦黄花产业发展现状，围绕黄花产业发展各要素、各环节，加强统筹规划和顶层设计，以满足产业的实际需求为导向，以发展黄花产业为主线，统筹标准资源，优化标准结构，构建引领、支撑黄花产业发展的标准体系。

坚持协调统一，强化科学规范。着眼黄花产业发展规律，加强标准与法律法规、政策措施的衔接配套，以各类别各环节各层级标准内在联系为依托，科学构建内容全面、结构完整、层次清晰的标准体系，促进体系内的标准形成系统、科学的有机整体。

坚持整体推进，强化分步实施。紧密结合黄花产业发展新形势，遵循先共性、后特性的次序，突出产地环境、良种繁育、水肥高效利用、科学采收等关键技术标准配置，依据黄花生产周期，分步实施具体任务，保证标准体系有序整体推进。

坚持开放兼容，强化动态优化。保持体系的开放性和扩展性，按照黄花产业发展变化和质量提升要求，结合体系和相关标准推广实施过程中的意见反馈，适时科学地进行标准体系优化调整。

二、建设依据

（一）法律法规及规章

1.《中华人民共和国标准化法》

2.《中华人民共和国农业法》

3.《中华人民共和国农业技术推广法》

4.《中华人民共和国农产品质量安全法》

5.《农药管理条例》

（二）国家政策文件

1. 中共中央 国务院《国家标准化发展纲要》

2. 农业农村部《农业绿色发展技术导则（2018-2030 年）》（农科教发〔2018〕3 号）

3. 农业农村部 国家标准化管理委员会 住房和城乡建设部《乡村振兴标准化行动方案》（农质发〔2023〕5 号）

（三）山西省政策文件及规划

1. 中共山西省委 山西省人民政府《关于贯彻落实 < 国家标准化发展纲要 > 的实施意见》（晋发〔2022〕29 号）

2. 山西省人民政府办公厅《山西省农产品质量提升行动方案》（晋政办发〔2022〕46 号）

3. 山西省人民政府办公厅《山西省贯彻实施 < 国家标准化发展纲要 > 行动计划任务（2023—2025 年）》（晋政办发〔2023〕85 号）

4. 山西省农业农村厅 山西省市场监督管理局 山西省住房和城乡建设厅 山西省粮食和物资储备局《2024—2025 年乡村振兴标准化行动工作计划》（晋农发〔2024〕39 号）

（四）相关标准

1.GB/T 13016 标准体系构建原则和要求

2.GB/T 13017 企业标准体系表编制指南

三、构建思路

按照 GB/T 13016《标准体系构建原则和要求》的规定，结合黄花产业发展现状及趋势，涵盖黄花产业标准体系最新研究成果，围绕农业农村种植需求、产品销售、产品质量安全、现代农业生产及管理发展方向，从生产流程、标准层级、标准类别三个维度，形成山西省黄花产业标准体系构成因素图。

第一维度：生产流程。包括产前标准、产中标准、产后标准。

第二维度：标准层级。包括国家标准、行业标准、地方标准。

第三维度：标准类别。包括技术标准、管理标准、服务标准。

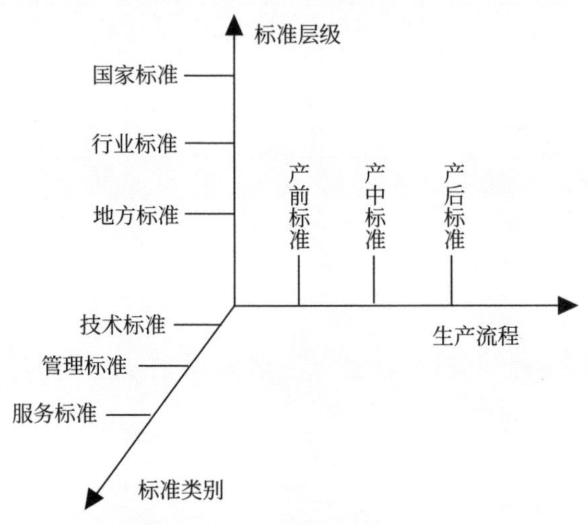

山西省黄花产业标准体系构成因素图

四、标准体系框架

（一）总体结构

依据黄花产业标准体系构成因素图，以现有标准为基础，充分考虑未来产业发展趋势，将黄花产业标准体系划分为通用基础标准、产前标准、产中标准、产后标准 4 个标准子体系。

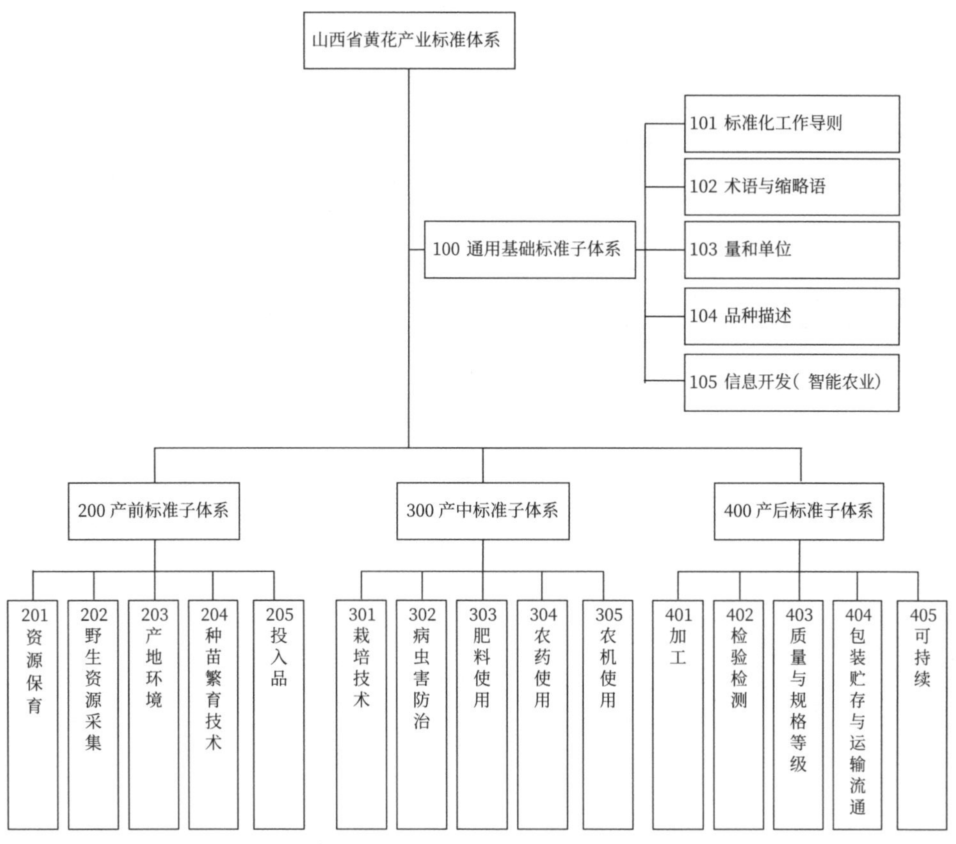

山西省黄花产业标准体系总体结构图

（二）通用基础标准子体系

通用基础标准子体系是指与黄花菜紧密相关、普遍适用的标准。通用基础标准是此标准体系重要的组成部分，对标准体系的建立和实施起着技术上的保障与支撑作用。通用基础标准子体系划分为标准化工作导则、术语与缩略语、量和单位、品种描述及信息开发（智能农业）5 个类别。

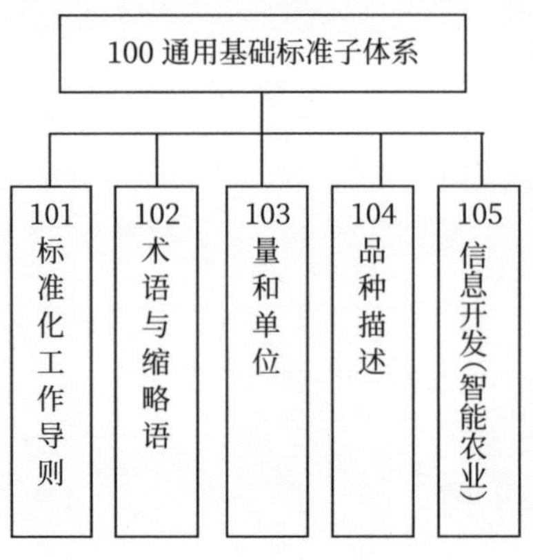

通用基础标准子体系结构图

（三）产前标准子体系

产前标准子体系是黄花产业化进程中，在开展栽培加工之前各项准备工作标准所构成的有机整体。划分为资源保育标准、野生资源采集标准、产地环境标准、种苗繁育技术标准及投入品标准 5 个类别。

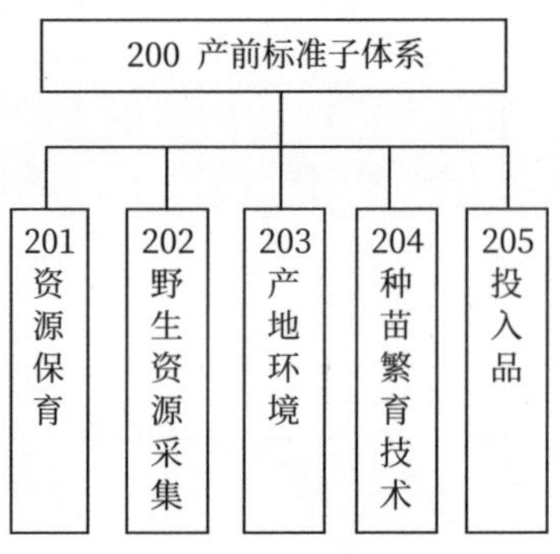

产前标准子体系结构图

（四）产中标准子体系

产中标准子体系为黄花产业化过程中栽培阶段标准的有机整体。划分为栽培技术标准、病虫害防治标准、肥料使用标准、农药使用标准及农机使用标准 5 个类别。

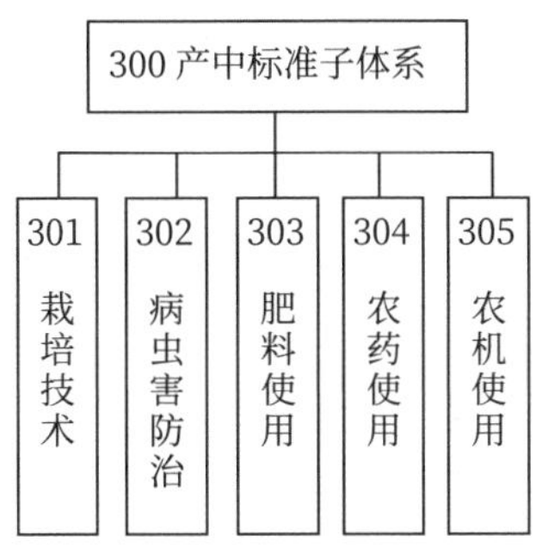

产中标准子体系结构图

（五）产后标准子体系

产后标准子体系为黄花产业化过程中加工、流通、销售阶段标准的有机整体。划分为加工标准、检验检测标准、质量与规格等级标准、包装贮存与运输流通标准及可持续标准 5 个类别。产后标准子体系结构。

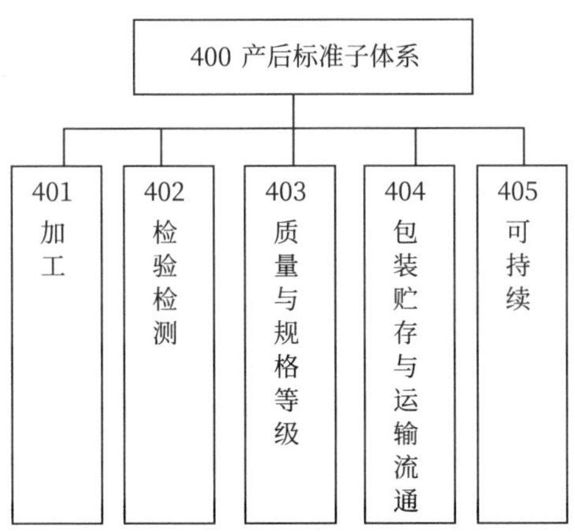

产后标准子体系结构图

五、标准明细表

围绕黄花产业标准体系结构对农业领域现行、已立项、拟制定的国家标准、行业标准、省级地方标准进行分类，形成标准明细表。

标准明细表

序号	一级分类	二级分类	标准体系编号	标准名称	标准号/计划号	标准层级	标准状态
1	100 通用基础标准子体系	101 标准化导则	101.001	标准化工作导则 第1部分：标准化文件的结构和起草规则	GB/T 1.1—2020	国家标准	现行
2			101.002	综合标准化工作指南	GB/T 12366—2009	国家标准	现行
3			101.003	标准体系构建原则和要求	GB/T 13016—2018	国家标准	现行
4			101.004	标准化工作指南第1部分：标准化和相关活动的通用术语	GB/T 20000.1—2014	国家标准	现行
5			101.005	标准化工作指南第3部分：引用文件	GB/T 20000.3—2014	国家标准	现行
6			101.006	标准编写规则 第11部分：管理体系标准	GB/T 20001.11—2022	国家标准	现行
7			101.007	标准中特定内容的起草 第4部分：标准中涉及安全的内容	GB/T 20002.4—2015	国家标准	现行
8			101.008	农业综合标准化工作指南	GB/T 31600—2015	国家标准	现行
9			101.009	农业标准审定规范	NY/T 656—2002	行业标准	现行
10			101.010	现代农业全产业链标准化技术导则	NY/T 4164—2022	行业标准	现行
11		102 术语与缩略语	102.001	新鲜水果和蔬菜 词汇	GB/T 23351—2009	国家标准	现行
12			102.002	水果和蔬菜 形态学和结构学术语	GB/T 26430—2010	国家标准	现行
13			102.003	环境管理 术语	GB/T 24050—2004	国家标准	现行
14			102.004	包装术语 第1部分：基础	GB/T 4122.1—2008	国家标准	现行
15			102.005	包装术语 第2部分：机械	GB/T 4122.2—2010	国家标准	现行
16			102.006	包装术语 第3部分：防护	GB/T 4122.3—2010	国家标准	现行
17			102.007	包装术语 第4部分：材料与容器	GB/T 4122.4—2010	国家标准	现行
18			102.008	包装术语 第5部分：检验与试验	GB/T 4122.5—2010	国家标准	现行
19			102.009	包装术语 第6部分：印刷	GB/T 4122.6—2010	国家标准	现行
20			102.010	肥料和土壤调理剂 术语	GB/T 6274—2016	国家标准	现行
21			102.011	农产品干燥技术 术语	GB/T 14095—2007	国家标准	现行
22			102.012	中国植物分类与代码	GB/T 14467—2021	国家标准	现行

（续）

序号	一级分类	二级分类	标准体系编号	标准名称	标准号/计划号	标准层级	标准状态
23	100 通用基础标准子体系	102 术语与缩略语	102.013	食品工业基本术语	GB/T 15091—1994	国家标准	现行
24			102.014	中国土壤分类与代码	GB/T 17296—2009	国家标准	现行
25			102.015	中国气候区划名称与代码 气候带和气候大区	GB/T 17297—1998	国家标准	现行
26			102.016	良好农业规范 第1部分：术语	GB/T 20014.1—2005	国家标准	现行
27			102.017	食品营养成分基本术语	GB/Z 21922—2008	国家标准	现行
28			102.018	通用计量术语及定义	JJF 1001—2011	行业标准	现行
29			102.019	微生物肥料术语	NY/T 1113—2006	行业标准	现行
30			102.020	农村水利技术术语	SL 56—2013	行业标准	现行
31		103 量和单位	103.001	优先数和优先数系	GB/T 321—2005	国家标准	现行
32			103.002	标准尺寸	GB/T 2822—2005	国家标准	现行
33			103.003	国际单位制及其应用	GB 3100—1993	国家标准	现行
34			103.004	有关量、单位和符号的一般原则	GB/T 3101—1993	国家标准	现行
35			103.005	变化量的符号和单位	GB/T 14559—1993	国家标准	现行
36		104 品种描述标准	104.001	植物新品种特异性、一致性和稳定性测试指南 总则	GB/T 19557.1—2004	国家标准	现行
37			104.002	植物品种鉴定 MNP 标记法	GB/T 38551—2020	国家标准	现行
38			104.003	植物品种鉴定 DNA 分子标记法总则	NY/T 2594—2016	行业标准	现行
39			104.004	新鲜蔬菜分类与代码	SB/T 10029—2012	行业标准	现行
40		105 信息开发（智能农业）标准	105.001	信息分类和编码的基本原则与方法	GB/T 7027—2002	国家标准	现行
41			105.002	农产品流通信息管理技术通则	GB/T 37060—2018	国家标准	现行
42			105.003	基于广域网通信的智能农业远程测控应用总体技术要求	GB/Z 41292—2022	国家标准	现行
43			105.004	农产品质量追溯信息交换接口规范	NY/T 2531—2013	行业标准	现行

（续）

序号	一级分类	二级分类	标准体系编号	标准名称	标准号/计划号	标准层级	标准状态
44			105.005	农作物病虫害监测设备技术参数与性能要求	NY/T 4182—2022	行业标准	现行
45			105.006	农机作业远程监测管理平台数据交换技术规范	NY/T 3892—2021	行业标准	现行
46			105.007	农业机械远程服务与管理平台技术要求	NY/T 4374—2023	行业标准	现行
47			105.008	农作物品种数字化管理数据描述规范	NY/T 4205—2022	行业标准	现行
48	200 产前标准子体系	201 资源保育标准	201.001	农作物种质资源库建设规范低温种质库	NY/T 4152—2022	行业标准	现行
49			201.002	农作物种质资源库操作技术规程 种质圃	NY/T 4263—2023	行业标准	现行
50		202 野生资源采集标准	202.001	样品采集与处理移动实验室通用技术规范	GB/T 31016—2021	国家标准	现行
51			202.002	黄花菜种质资源评价收集技术规范		地方标准	拟制定
52		203 产地环境标准	203.001	环境空气质量标准	GB 3095—2012	国家标准	现行
53			203.002	农用污泥污染物控制标准	GB 4284—2018	国家标准	现行
54			203.003	农田灌溉水质标准	GB 5084—2021	国家标准	现行
55			203.004	水质 pH 值的测定 玻璃电极法	GB/T 6920—1986	国家标准	现行
56			203.005	水质 悬浮物的测定 重量法	GB/T 11901—1989	国家标准	现行
57			203.006	土壤环境质量 农用地土壤污染风险管控标准（试行）	GB 15618—2018	国家标准	现行
58			203.007	环境污染类别代码	GB/T 16705—1996	国家标准	现行
59			203.008	环境污染源类别代码	GB/T 16706—1996	国家标准	现行
60			203.009	城市污水再生利用 农田灌溉用水水质	GB 20922—2007	国家标准	现行
61			203.010	耕地质量等级	GB/T 33469—2016	国家标准	现行

（续）

序号	一级分类	二级分类	标准体系编号	标准名称	标准号/计划号	标准层级	标准状态
62			203.011	土壤质量 土壤硝态氮、亚硝态氮和铵态氮的测定 氯化钾溶液浸提手工分析法	GB/T 42485—2023	国家标准	现行
63			203.012	土壤质量 土壤硝态氮、亚硝态氮和铵态氮的测定 氯化钾溶液浸提流动分析法	GB/T 42487—2023	国家标准	现行
64			203.013	土壤水分测定法	NY/T 52—1987	行业标准	现行
65			203.014	土壤全氮测定法（半微量开氏法）	NY/T 53—1987	行业标准	现行
66			203.015	土壤有机质测定法	NY/T 85—1988	行业标准	现行
67			203.016	土壤碳酸盐测定法	NY/T 86—1988	行业标准	现行
68			203.017	土壤全钾测定法	NY/T 87—1988	行业标准	现行
69			203.018	土壤全磷测定法	NY/T 88—1988	行业标准	现行
70	200 产前标准子体系	203 产地环境标准	203.019	肥料硝态氮、铵态氮、酰胺态氮含量的测定	NY/T 1116—2014	行业标准	现行
71			203.020	土壤速效钾和缓效钾含量的测定	NY/T 889—2004	行业标准	现行
72			203.021	土壤有效硼测定方法	NY/T 149—1990	行业标准	现行
73			203.022	全国耕地类型区、耕地地力等级划分	NY/T 309—1996	行业标准	现行
74			203.023	全国中低产田类型划分与改良技术规范	NY/T 310—1996	行业标准	现行
75			203.024	农田土壤环境质量监测技术规范	NY/T 395—2012	行业标准	现行
76			203.025	农用水源环境质量监测技术规范	NY/T 396—2000	行业标准	现行
77			203.026	农区环境空气质量监测技术规范	NY/T 397—2000	行业标准	现行
78			203.027	耕地质量监测技术规程	NY/T 1119—2019	行业标准	现行
79			203.028	耕地质量验收技术规程	NY/T 1120—2006	行业标准	现行
80			203.029	农田灌溉水中苯、甲苯、二甲苯最大限量	NY 1260—2007	行业标准	现行

（续）

序号	一级分类	二级分类	标准体系编号	标准名称	标准号/计划号	标准层级	标准状态
81			203.030	农田灌溉水中4-硝基氯苯、2,4-二硝基氯苯、邻苯二甲酸二丁酯、邻苯二甲酸二辛酯的最大限量	NY 1614—2008	行业标准	现行
82			203.031	耕地地力调查与质量评价技术规程	NY/T 1634—2008	行业标准	现行
83			203.032	农田土壤墒情监测技术规范	NY/T 1782—2009	行业标准	现行
84			203.033	耕地质量预警规范	NY/T 2173—2012	行业标准	现行
85			203.034	补充耕地质量评定技术规范	NY/T 2626—2014	行业标准	现行
86			203.035	耕地质量划分规范	NY/T 2872—2015	行业标准	现行
87			203.036	农田排水工程技术规范	SL/T 4—2020	行业标准	现行
88			203.037	土壤侵蚀分类分级标准	SL 190—2008	行业标准	现行
89			203.038	水资源评价导则	SL/T 238—1999	行业标准	现行
90			203.039	水土保持监测技术规程	SL 277—2002	行业标准	现行
91			203.040	土壤环境监测技术规范	HJ/T 166—2004	行业标准	现行
92			203.041	食用农产品产地环境质量评价标准	HJ 332—2006	行业标准	现行
93			203.042	环保用微生物菌剂环境安全评价导则	HJ/T 415—2008	行业标准	现行
94			203.043	植物类有机产品基地土壤环境质量评估方法	GH/T 1376—2022	行业标准	现行
95			203.044	黄花种植气象服务规范	DB14/T 2642—2023	地方标准	现行
96			203.045	黄花菜病虫草害绿色生态调控技术规程		地方标准	拟制定
97	200 产前标准子体系	203 产地环境标准	203.046	黄花菜良种繁育技术规程		地方标准	拟制定
98			203.047	黄花菜集约化育苗生产技术规程		地方标准	拟制定
99			203.048	黄花菜主要病变测报调查规范		地方标准	拟制定
100			203.049	黄花菜产地土壤养护技术规范		地方标准	拟制定

（续）

序号	一级分类	二级分类	标准体系编号	标准名称	标准号/计划号	标准层级	标准状态
101		204 种苗繁育及质量标准	204.001	蔬菜穴盘育苗 通则	NY/T 2119—2012	行业标准	现行
102			204.002	蔬菜育苗基质	NY/T 2118—2012	行业标准	现行
103			204.003	蔬菜集约化育苗场建设标准	NY/T 2442—2013	行业标准	现行
104			204.004	黄花菜种苗生产技术规程	DB14/T 2326—2021	地方标准	现行
105			204.005	黄花菜种苗组织培养扩繁技术规程		地方标准	拟制定
106			204.006	黄花菜种苗质量		地方标准	拟制定
107		205 投入品标准	205.001	尿素	GB/T 2440—2017	国家标准	现行
108			205.002	农药中文通用名称	GB 4839—2009	国家标准	现行
109			205.003	农作物种子贮藏	GB/T 7415—2008	国家标准	现行
110			205.004	固体化学肥料包装	GB/T 8569—2009	国家标准	现行
111			205.005	硝酸磷肥、硝酸磷钾肥	GB/T 10510—2023	国家标准	现行
112			205.006	复合肥料	GB/T 15063—2020	国家标准	现行
113			205.007	微量元素叶面肥料	GB/T 17420—2020	国家标准	现行
114			205.008	含有机质叶面肥料	GB/T 17419—2018	国家标准	现行
115			205.009	农业灌溉设备 电动或电控灌溉机械的电气设备和布线	GB/T 18025—2000	国家标准	现行
116			205.010	农业灌溉设备 水动化肥－农药注入泵	GB/T 19792—2012	国家标准	现行
117			205.011	农用微生物菌剂	GB 20287—2006	国家标准	现行
118	200 产前标准子体系	205 投入品标准	205.012	钙镁磷肥	GB/T 20412—2021	国家标准	现行
119			205.013	农作物种子标签通则	GB 20464—2006	国家标准	现行
120			205.014	农药产品标签通则	GB 20813—2006	国家标准	现行
121			205.015	农业灌溉设备 铝灌溉管	GB/T 21401—2008	国家标准	现行

（续）

序号	一级分类	二级分类	标准体系编号	标准名称	标准号/计划号	标准层级	标准状态
122			205.016	农业灌溉设备　水头控制器	GB/T 21402—2008	国家标准	现行
123			205.017	肥料和土壤调理剂 分类	GB/T 32741—2016	国家标准	现行
124			205.018	稳定性肥料	GB/T 35113—2017	国家标准	现行
125			205.019	有机肥料	NY/T 525—2021	行业标准	现行
126			205.020	复合微生物肥料	NY/T 798—2015	行业标准	现行
127			205.021	生物有机肥	NY 884—2012	行业标准	现行
128			205.022	配方肥料	NY/T 1112—2006	行业标准	现行
129			205.023	含氨基酸水溶肥料	NY 1429—2010	行业标准	现行
130			205.024	微生物农药　第1部分：土壤	NY/T 3278.1—2018	行业标准	现行
131			205.025	生物炭基有机肥料	NY/T 3618—2020	行业标准	现行
132			205.026	钙镁磷钾肥	HG/T 2598—1994	行业标准	现行
133			205.027	无机包裹型复混肥料（复合肥料）	HG/T 4217—2011	行业标准	现行
134			205.028	含螯合微量元素复混肥料（复合肥料）	HG/T 5331—2018	行业标准	现行
135			205.029	腐植酸生物有机肥	HG/T 5332—2018	行业标准	现行
136			205.030	生物质腐植酸有机肥料	HG/T 6082—2022	行业标准	现行
137			205.031	微藻有机肥	T/CI 068—2022	行业标准	现行
138	300产中标准子体系	301栽培技术标准	301.001	管道输水灌溉工程技术规范	GB/T 20203—2017	国家标准	现行
139			301.002	节水灌溉工程技术规范	GB/T 50363—2006	国家标准	现行
140			301.003	喷灌工程技术规范	GB/T 50085—2007	国家标准	现行
141			301.004	微灌工程技术规范	GB/T 50485—2009	国家标准	现行

（续）

序号	一级分类	二级分类	标准体系编号	标准名称	标准号/计划号	标准层级	标准状态
142	300 产中标准子体系	301 栽培技术标准	301.005	灌溉与排水工程技术管理规程	SL/T 246—2019	行业标准	现行
143			301.006	大同黄花生产技术规程	DB14/T 2430—2022	地方标准	现行
144			301.007	旱作农田有机肥料施用技术规程	DB14/T 2608—2022	地方标准	现行
145			301.008	高素质农民种植技能要求与评价 黄花菜	DB14/T 2588—2022	地方标准	现行
146			301.009	黄花菜采收技术规程		地方标准	已立项
147			301.010	黄花菜复壮技术规程		地方标准	已立项
148			301.011	黄花菜保护地栽培技术规程		地方标准	拟制定
149			301.012	黄花菜休眠期病虫草害防治技术规程		地方标准	拟制定
150			301.013	黄花菜蜜蜂授粉技术规程		地方标准	拟制定
151			301.014	黄花菜植株修剪技术规程		地方标准	拟制定
152		302 病虫害防治标准	302.001	蔬菜病虫害安全防治技术规范 第1部分：总则	GB/T 23416.1—2009	国家标准	现行
153			302.002	农业社会化服务 农作物病虫害防治服务质量要求	GB/T 32980—2016	国家标准	现行
154			302.003	黄花菜病虫害综合防控技术规程	DB14/T 2902—2023	地方标准	现行
155		303 肥料使用标准	303.001	测土配方施肥—配肥服务点技术规范	GB/T 31732—2015	国家标准	现行
156			303.002	化肥使用环境安全技术导则	HJ 555—2010	行业标准	现行
157			303.003	肥料合理使用准则 通则	NY/T 496—2010	行业标准	现行
158			303.004	肥料效应鉴定田间试验技术规程	NY/T 497—2002	行业标准	现行
159			303.005	肥料合理使用准则 氮肥	NY/T 1105—2006	行业标准	现行
160			303.006	畜禽粪便安全使用准则	NY/T 1334—2007	行业标准	现行
161			303.007	畜禽粪便堆肥技术规范	NY/T 3442—2019	行业标准	现行

（续）

序号	一级分类	二级分类	标准体系编号	标准名称	标准号/计划号	标准层级	标准状态
162			303.008	水肥一体化技术规范 总则	NY/T 2624—2014	行业标准	现行
163			303.009	灌溉施肥技术规范	NY/T 2623—2014	行业标准	现行
164			303.010	测土配方施肥技术规程	NY/T 2911—2016	行业标准	现行
165			303.011	微生物肥料生物安全通用技术准则	NY/T 1109—2017	行业标准	现行
166	300 产中标准子体系	304 农药使用标准	304.001	农药合理使用准则（四）	GB/T 8321.4—2006	国家标准	现行
167			304.002	农药合理使用准则（十）	GB/T 8321.10—2018	国家标准	现行
168			304.003	农药贮运、销售和使用的防毒规程	GB 12475—2006	国家标准	现行
168			304.004	航空施用农药操作准则	GB/T 25415—2010	国家标准	现行
170			304.005	农药安全使用规范 总则	NY/T 1276—2007	行业标准	现行
171			304.006	农药登记田间药效试验质量管理规范	NY/T 2885—2016	行业标准	现行
172			304.007	农药桶混助剂的润湿性评价方法及推荐用量	NY/T 4419—2023	行业标准	现行
173		305 农机使用标准	305.001	农用水泵安全技术要求	NY 643—2014	行业标准	现行
174			305.002	残地膜回收机 作业质量	NY/T 1227—2019	行业标准	现行
175			305.003	农业机械分类	NY/T 1640—2021	行业标准	现行
176			305.004	农业机械化统计基础指标	NY/T 1766—2019	行业标准	现行
177			305.005	农业机械化管理统计规范	NY/T 1829—2009	行业标准	现行
178			305.006	农业机械重点检查技术规范	NY/T 3488—2019	行业标准	现行
179			305.007	黄花菜机械化栽培技术规程		地方标准	拟制定
180	400 产后标准子体系	401 加工标准	401.001	农业机械化水平评价 第4部分：农产品初加工	NY/T 1408.4—2018	行业标准	现行
181			401.002	脱水黄花菜加工技术规范	NY/T 4333—2023	行业标准	现行
182			401.003	黄花菜采前管理及贮藏技术规程		地方标准	拟制定

（续）

序号	一级分类	二级分类	标准体系编号	标准名称	标准号/计划号	标准层级	标准状态
183			401.004	黄花菜水肥一体化技术规程		地方标准	拟制定
184		402 检验检测标准	402.001	食品卫生检验方法 理化部分 总则	GB/T 5009.1—2003	国家标准	现行
185			402.002	食品安全国家标准 食品中水分的测定	GB 5009.3—2016	国家标准	现行
186			402.003	食品安全国家标准 食品中铅的测定	GB 5009.12—2023	国家标准	现行
187			402.004	食品安全国家标准 食品中镉的测定	GB 5009.15—2023	国家标准	现行
188			402.005	食品安全国家标准 食品中总汞及有机汞的测定	GB 5009.17—2021	国家标准	现行
189			402.006	食品安全国家标准 食品中膳食纤维的测定	GB 5009.88—2023	国家标准	现行
190	400 产后标准子体系	402 检验检测标准	402.007	水果和蔬菜中多种农药残留量的测定	GB/T 5009.218—2008	国家标准	现行
191			402.008	粮食、水果和蔬菜中有机磷农药测定的气相色谱法	GB/T 14553—2003	国家标准	现行
192			402.009	食品安全国家标准 食品生产通用卫生规范	GB 14881—2013	国家标准	现行
193			402.010	食品安全国家标准 水果和蔬菜中 500 种农药及相关化学品残留量的测定 气相色谱－质谱法	GB 23200.8—2016	国家标准	现行
194			402.011	食品安全国家标准 水果和蔬菜中阿维菌素残留量的测定 液相色谱法	GB 23200.19—2016	国家标准	现行
195			402.012	食品安全国家标准 食品中有机磷农药残留量的测定 气相色谱－质谱法	GB 23200.93—2016	国家标准	现行
196			402.013	食品安全国家标准 植物源性食品中 208 种农药及其代谢物残留量的测定 气相色谱－质谱联用法	GB 23200.113—2018	国家标准	现行
197			402.014	食品安全国家标准 植物源性食品中 90 种有机磷类农药及其代谢物残留量的测定 气相色谱法	GB 23200.116—2019	国家标准	现行
198			402.015	食品安全国家标准 植物源性食品中 331 种农药及其代谢物残留量的测定 液相色谱—质谱联用法	GB 23200.121—2021	国家标准	现行
199			402.016	蔬菜农药残留检测抽样规范	NY/T 762—2004	行业标准	现行
200			402.017	蔬菜抽样技术规范	NY/T 2103—2011	行业标准	现行

（续）

序号	一级分类	二级分类	标准体系编号	标准名称	标准号/计划号	标准层级	标准状态
201	400 产后标准子体系		402.018	蔬菜中 334 种农药多残留的测定 气相色谱质谱法和液相色谱质谱法	NY/T 1379—2007	行业标准	现行
202			402.019	蔬菜、水果中 51 种农药多残留的测定 气相色谱－质谱法	NY/T 1380—2007	行业标准	现行
203			402.020	水果、蔬菜及其制品中二氧化硫总量的测定	NY/T 1435—2007	行业标准	现行
204			402.021	农田地膜源微塑料残留量的测定	GH/T 1378—2022	行业标准	现行
205			402.022	出口食品中荧光增白剂 85、荧光增白剂 71 和荧光增白剂 113 的测定 液相色谱－质谱／质谱法	SN/T 4396—2015	行业标准	现行
206			402.023	进出口脱水蔬菜检验规程	SN/T 0230.1—2016	行业标准	现行
207			402.024	进出口新鲜蔬菜检验规程	SN/T 0978—2011	行业标准	现行
208		403 质量与规格等级	403.001	出口蔬菜质量安全控制规范	GB/Z 21724—2008	国家标准	现行
209			403.002	良好农业规范 第 2 部分：农场基础控制点与符合性规范	GB/T 20014.2—2013	国家标准	现行
210			403.003	良好农业规范 第 5 部分：水果和蔬菜控制点与符合性规范	GB/T 20014.5—2013	国家标准	现行
211			403.004	蔬菜安全生产关键控制技术规程	NY/T 1654—2008	行业标准	现行
212			403.005	黄花菜质量安全追溯 信息采集规范		地方标准	拟制定
213		404 包装贮存与运输流通	404.001	包装储运图示标志	GB/T 191—2008	国家标准	现行
214			404.002	运输包装收发货标志	GB/T 6388—1986	国家标准	现行
215			404.003	食品安全国家标准 预包装食品标签通则	GB 7718—2011	国家标准	现行
216			404.004	一般货物运输包装通用技术条件	GB/T 9174—2008	国家标准	现行
217			404.005	运输包装件尺寸与质量界限	GB/T 16471—2008	国家标准	现行
218			404.006	食用农产品保鲜贮藏管理规范	GB/T 29372—2012	国家标准	现行
219			404.007	新鲜蔬菜贮藏与运输准则	GB/T 26432—2010	国家标准	现行

（续）

序号	一级分类	二级分类	标准体系编号	标准名称	标准号/计划号	标准层级	标准状态
220		404 包装贮存与运输流通标准	404.008	新鲜水果、蔬菜包装和冷链运输通用操作规程	GB/T 33129—2016	国家标准	现行
221			404.009	水果和蔬菜　气调贮藏技术规范	GB/T 23244—2009	国家标准	现行
222			404.010	蔬菜包装标识通用准则	NY/T 1655—2008	行业标准	现行
223			404.011	干制蔬菜贮藏导则	NY/T 2320—2013	行业标准	现行
224			404.012	新鲜蔬菜包装与标识	SB/T 10158—2012	行业标准	现行
225			404.013	进出口水果和蔬菜预包装指南	SN/T 1886—2007	行业标准	现行
226		405 可持续标准	405.001	农业社会化服务　农业废弃物综合利用通用要求	GB/T 34805—2023	国家标准	现行
227			405.002	农村可回收废弃物分类指南	GB/T 42229—2022	国家标准	现行
228			405.003	农业废弃物资源化利用　农产品加工废弃物再生利用	GB/T 42546—2023	国家标准	现行
229			405.004	农业废弃物资源化利用　农业生产资料包装废弃物处置和回收利用	GB/T 42550—2023	国家标准	现行
230			405.005	农业废弃物资源化利用　生物质资源综合利用	GB/T 42679—2023	国家标准	现行
231			405.006	废旧地膜回收技术规范	GH/T 1354—2021	行业标准	现行
232			405.007	生物质废物堆肥污染控制技术规范	HJ 1266—2022	行业标准	现行
233			405.008	报废农业机械回收拆解技术规范	NY/T 2900—2022	行业标准	现行
234			405.009	蔬菜废弃物高温堆肥无害化处理技术规程	NY/T 3441—2019	行业标准	现行
235			405.010	黄花菜集约化生产技术规程		地方标准	拟制定
236			405.011	黄花菜土壤培肥技术规程		地方标准	拟制定

六、标准统计表

标准统计表统计出基础通用标准、产前标准、产中标准、产后标准 4

大标准子体系包含的现行、已立项及拟制定的国家标准、行业标准、山西省地方标准数量。

标准统计表

统计项	国家标准（个）		行业标准（个）		地方标准（个）		总数（个）
	应有	现有	应有	现有	应有	现有	
通用基础标准	35	35	12	12	0	0	47
产前标准	31	31	49	49	10	2	90
产中标准	11	11	20	20	11	4	42
产后标准	32	32	20	20	5	0	57
合计	109		101		26		236

七、拟制定标准

依照“统筹推进、急用先行”的原则，立足黄花产业的实际发展状况，从种质资源评价收集、种苗组织培养扩繁、种苗质量、采收、质量安全追溯、信息采集及可持续等标准出发，拟制定的标准应当保持一定的开放性，以契合不断创新、融合发展的黄花产业需求。近期拟制定的标准涵盖但不限于以下表中的标准。

拟制定标准明细表

序号	子体系名称	标准体系编号	标准名称	标准层级
1	产前标准子体系	202.002	黄花菜种质资源评价收集技术规范	地方标准
2		203.045	黄花菜病虫草害绿色生态调控技术规程	地方标准
3		203.046	黄花菜良种繁育技术规程	地方标准
4		203.047	黄花菜集约化育苗生产技术规程	地方标准
5		203.048	黄花菜主要病变测报调查规范	地方标准
6		203.049	黄花菜产地土壤养护技术规范	地方标准
7		204.005	黄花菜种苗组织培养扩繁技术规程	地方标准
8		204.006	黄花菜种苗质量	地方标准

（续）

序号	子体系名称	标准体系编号	标准名称	标准层级
9	产中标准子体系	301.009	黄花菜采收技术规程	地方标准
10		301.010	黄花菜复壮技术规程	地方标准
11		301.011	黄花菜保护地栽培技术规程	地方标准
12		301.012	黄花菜休眠期病虫草害防治技术规程	地方标准
13		301.013	黄花菜蜜蜂授粉技术规程	地方标准
14		301.014	黄花菜植株修剪技术规程	地方标准
15		305.007	黄花菜机械化栽培技术规程	地方标准
16	产后标准子体系	401.003	黄花菜采前管理及贮藏技术规程	地方标准
17		401.004	黄花菜水肥一体化技术规程	地方标准
18		403.005	黄花菜质量安全追溯 信息采集规范	地方标准
19		405.010	黄花菜集约化生产技术规程	地方标准
20		405.011	黄花菜土壤培肥技术规程	地方标准

后记

大同黄花赋

紫气东来兮，婉约黄花之娉婷。何其忘忧也，自古萱语多情。慈母之馨乎，谖草北堂，庭深乐璋。灵遥思乎，彼黄花兮，火山魂魄，桑干血脉，灿灿金澄。为中国母亲花，素食上乘。更总书记言“小黄花、大产业”，深切嘱托，殷殷深情。乃不负韶华，迎难而上，敢与争锋。滔滔黄河，巍巍太行。三晋大地，沃野千方。云冈石窟，福厚绵长，为雁北专属城，北狄羲和、腾跃凤凰。古平国所始，幽州列郡，北魏帝都，明清重镇，魏碑发祥。长城迤逦，吕梁太行。北方锁钥，珍品大藏。煤都旺火，冲天繁珩。华严圆觉，永安壁煌。恒山悬空，火山矩阵，琬琰月洸。九龙照壁，碧霞玄女，采凉山上。应县木塔，文明华光。大同黄花，浑源黄芪，粮豆薯米，遍地金黄。树文化自信，创大同好粮。

大同，大不同也。或兴于煤、乃旺于花，椿萱并茂，风姿城乡。鼎力四大干菜珍品之榜，黄花烁烁，根茎叶皆可以入药，味甘气凉。清热利尿，止血神康。号农家宝玉，遍地金针，欣然华芳。因角长肉厚，六瓣七蕊，闻名遐张。助葆青春，富硒富氧。一花七蕊，独占鳌头、乃植物领域之黄金产业。又为大同市花也，唐家堡、坊城新村，忘忧农场、火山天路、芍药花海、桑干河湿地公园等，农文旅融合展新晟。今有专业合作社，区域公共品牌标志产品促进工程。云州供销，热忱助力。发展电商平台、异彩纷呈。可持续供给性改革，莫忘期许，践行新思想。为民造福，鼎力健康。村美仓盈，优势图强。

大同大哉，和而同兴。云州旺哉，俊杰精英。产业培育，地灵美名。时不我待，错位发展，差异竞争。一村一品，机制先行。高质量转型，前进征程。内化于心、外践于行。黄花富民，绿色引领。再接再厉，久久为功。欢欣万众，花舞豪情。

大同，历史文化名城，更是魏碑故乡也，因为魏体书法非遗发展缘故，慕名而来，为助力三黄产业发展，从创作《中国黄芪赋》到《中国恒山黄芪赋》，到应邀创作《大同黄花赋》，总书记说“小黄花大产业”，大大鼓舞了特色产业领域的人们，乡村发展，文化先行，品牌打造，历史渊源其实非常殊胜。我们国农智库，植物食学委员会将更加努力，做好服务产业，智库协调的引领，祝福大同黄花，再创辉煌。

谢向英
2023 年 7 月 26 日